AF383982

V

CONTREFAÇON D'ARGENTURE
Par les Procédés ELKINGTON.

TRIBUNAL DE LA SEINE.
6e chambre.

Présidence de M. LE PELLETIER D'AULNAY.

RÉPLIQUE

DE

Me LIOUVILLE

POUR

MM. Alfred ROSELEUR, CLOMESNIL & GARNIER

CONTRE

MM. Ch. CHRISTOFLE et Cie,

Prononcée à l'Audience du 10 Août 1847,

PRÉCÉDÉE

D'UNE

NOTICE

ET

ACCOMPAGNÉE

DE

NOTES.

Paris

IMPRIMERIE ET LITHOGRAPHIE DE MAULDE ET RENOU,
RUE BAILLEUL, 9 ET 11, PRÈS DU LOUVRE.

SEPTEMBRE 1847

NOTICE

On argente par plusieurs procédés.

La voie *humide* consiste en ceci : dissoudre de l'argent dans de l'acide nitrique, y verser une dissolution bien claire de sel marin (chlorure de sodium) jusqu'à ce qu'il ne se produise plus de précipité, et laver celui-ci plusieurs fois avec de l'eau qu'on sépare chaque fois que le précipité est bien déposé. Pour 10 grammes d'argent, mêler le chlorure obtenu avec 633 gr. de sel marin blanc (chlorure de sodium), 20 gr. de sel ammoniac (muriate d'ammoniaque), 80 gr. de sel de verre (chlorure de potassium), 10 gr. de sel de nitre (nitrate de potasse), 2 gr. d'arsenic blanc (acide arsénieux), 80 gr. de crème de tartre (bitartrate de potasse) : passer dans l'eau-forte les pièces à argenter et quand elles ont pris une belle teinte dorée, jeter dans de l'eau bouillante une petite quantité du mélange, y plonger ces pièces, les laver et les sécher.

Ce procédé s'appelle *bouillitoire*.

On le trouve décrit dans le *Journal des Connaissances utiles* de juin 1834.

La *voie sèche* consiste dans l'emploi de plusieurs pâtes dont il est inutile ici de connaître la composition, et qu'on retrouve dans le même journal. On frotte avec ces pâtes les objets à argenter, soit en employant un linge mouillé, soit en se servant du pinceau, soit en usant simplement du pouce. Un morceau de laine achève de donner du brillant à l'objet.

On argente aussi en plaçant des feuilles d'argent sur une pièce chauffée et en les y fixant à l'aide d'un brunissoir; on peut, de cette manière, fixer jusqu'à soixante feuilles.

Enfin, tout le monde connaît le plaqué; et ses procédés sont aussi dans les livres.

Tel était l'état de l'industrie, lorsqu'au mois de juillet 1838, l'Anglais Elkington demanda, entre autres patentes, un brevet pour l'argenture.

Son procédé fut celui-ci : dissoudre le chlorure d'argent dans un sel convenable, prendre de préférence le chlorure de sodium, de potassium ou le muriate d'ammoniaque ; pour une once de chlorure d'argent employer une livre de muriate d'ammoniaque, 48 grains ou environ de bichlorure de mercure et une certaine quantité d'eau. Faire bouillir le tout jusqu'à ce que le chlorure d'argent soit complètement dissous, employer la solution bouillante, y plonger et y remuer les objets jusqu'à ce qu'ils soient bien recouverts de cette mixture.

Il ne lui fallut pas, comme on le voit, de grands frais d'imagination pour trouver ce procédé, car c'est celui du bouillitoire ; seulement, au lieu de six substances employées avec le chlorure d'argent, Elkington n'en emploie que quatre, dont une seule nouvelle, le bichlorure de mercure. Des trois anciennes, il ne fait guère qu'un emploi volontairement alternatif, se contentant d'une seule, laquelle peut être remplacée par l'une des deux autres.

Ce n'était pas là une invention, et Elkington ne se présenta pas comme ayant simplifié un procédé ancien. L'idée qu'il entendit breveter fut la substitution d'une *solution* à une *pâte.* Il croyait ou voulait faire croire qu'avant lui on n'employait que des pâtes. En conséquence, il termina son brevet en ces termes :

« Il est bien entendu que les matières que je viens d'indiquer ne sont
« pas les seules qui peuvent servir à argenter les métaux ; je me réserve
« le droit d'employer *tous les sels ou autres substances chimiques et al-*
« *calines susceptibles d'obtenir le même résultat.* »

On voit que l'invention n'est pas dans *la réduction.*

« Je n'en fais pas ici l'énumération parce qu'elle serait trop longue ;
« on comprendra facilement que, soit les unes soit les autres, ces sub-
« stances sont propres à atteindre *le but que je me propose,* si on les em-
« ploie *ensemble* ou *séparément.* »

Quel est ce but qu'il se propose? Il va le dire :

« C'est pourquoi je réclame le droit privatif d'argenter les métaux
« dans une solution de chlorure d'argent obtenue par les moyens et pro-
« cédés que je viens de décrire, et en les trempant dans ladite solution
« *au lieu de les recouvrir d'une pâte et de les frotter ou brosser,* COMME
« CELA A LIEU D'APRÈS L'ANCIEN SYSTÈME. »

Voilà donc l'invention : c'est un système de *solutions substitué à un sys-
tème de pâtes;* et ces solutions sont empruntées à l'ancien mode, dont Elkington a soin de ne pas parler ; seulement, il y ajoute du bichlorure de mercure, dont la vertu n'augmente en rien celle de la solution primitive.

Deux ans se passent.

Elkington demande un nouveau brevet.

Voici en quelles circonstances fut faite cette demande :

Brugnatelli avait, en 1803, remarqué que lorsqu'on faisait passer un courant voltaïque à travers une dissolution formée des ammoniures d'un oxide métallique, on voyait, en peu de minutes, le fil du pôle négatif se couvrir de gouttelettes du métal : il avait, notamment, réduit du platine sur des fils d'or et doré parfaitement des médailles d'argent. Brugnatelli avait publié sa découverte, en 1803, dans le journal de Van-Mons.

M. le docteur Boettger, suivant ses traces, avait, au mois de juillet 1840, employé la pile à argenter le cuivre, en se servant, non d'une dissolution d'ammoniures, mais d'une dissolution de nitrate double d'argent et d'ammoniaque avec un petit excès d'ammoniaque.

Il avait déposé sa découverte dans le numéro de l'*Ami de l'Industrie* de Francfort, publié le 31 juillet 1840.

Et un second numéro, publié le 14 août 1840, avait ajouté de nouveaux développements à l'exposition de sa méthode.

Sur ces entrefaites, s'était assemblé le congrès d'Erlangen, où vinrent de tous côtés savants et industriels, et le 19 septembre 1840 le docteur Boettger y avait fait publiquement connaître ses procédés.

C'est deux mois après les publications du premier numéro de l'*Ami de l'Industrie*, qu'Elkington, à la date du 29 septembre 1840, demanda un nouveau brevet.

Ce brevet comprenait l'argenture par immersion et l'argenture par la pile.

Une liqueur unique était, par lui, proposée pour les deux genres d'opération.

Voici son mode de procéder :

Faire dissoudre 155 gram. de chlorure d'argent dans un mélange d'un kil. et demi de prussiate de potasse et de 9 litres d'eau. Agiter le liquide et le faire bouillir jusqu'à saturation complète ; plonger les pièces dans la solution : s'il ne faut qu'une mince couche d'argent, comme pour l'argenture ordinaire, faire chauffer et bouillir la solution : si la couche doit être plus épaisse, comme pour les objets plaqués, employer la solution froide et faire jouer la batterie galvanique.

Quoique le prussiate de potasse fut seul indiqué dans son procédé, quoique le représentant d'Elkington ait déclaré devant l'Académie des Sciences (Rapport de M. Dumas, comptes-rendus, t. XV, pag. 1005), que le brevet n'entendait parler que du prussiate de potasse simple cependant Elkington, après avoir, dans la suite de ce brevet, parlé du prussiate de soude, ajoutait cette phrase généralisante, résumé de l'invention qu'il entendait breveter :

« Je réclame l'emploi d'une solution d'argent dans du prussiate de po-
« tasse ou autres prussiates solubles, pour argenter les métaux, et l'appli-
« cation d'un courant galvanique avec une solution d'argent quelconque,
« soit comme simple solution dans un acide, ou combiné avec des sels,
« à l'exception du nitrate d'argent qui est connu, mais peu en usage ».

Ainsi, 1° le droit exclusif d'employer les prussiates solubles dans les deux argentures ; 2° le droit exclusif d'employer la pile galvanique, telle fut la double idée brevetée par Elkington.

La première partie de cette idée était un démenti au brevet de 1838, tel que son cessionnaire, M. Christofle, l'a depuis interprété ; car s'il avait en 1838, breveté *toutes* les substances chimiques et alcalines, il était contradictoire de breveter l'*une d'entre elles* : mais la prise de ce brevet était chose rationnelle si l'auteur n'avait d'abord voulu, comme nous l'avons dit, que substituer une solution à une pâte. En effet, il venait de trouver une bonne solution ; et il la substituait tout naturellement à la première qui était mauvaise.

Quant à la seconde partie de l'idée brevetée, Brugnatelli et M. Boettger avaient devancé Elkington.

On voit que, sciemment ou à son insu, Elkington avait copié, en 1838, le bouillitoire, et, en 1840, Brugnatelli et M. Boettger ; ayant néanmoins en propre l'application des prussiates ou cyanures, que personne ne lui conteste.

En 1845, un jeune et habile chimiste, déjà connu par la découverte d'une encre inaltérable, M. Roseleur, préparateur du cours de M. Orfila, rencontra pour la dorure et l'argenture un procédé nouveau, offrant des résultats aussi beaux pour le moins que ceux d'Elkington, et ayant cette supériorité de purger ces deux arts de l'emploi de substances dangereuses. Elkington avait au mercure substitué les prussiates ; c'était un grand service rendu à l'industrie ; mais le service n'était pas complet, puisqu'il laissait les travailleurs exposés à l'action plus au moins affaiblie de l'acide prussique. Le procédé Roseleur n'admet que des substances innocentes.

Ce procédé consiste dans l'emploi des sulfites solubles, tels que ceux d'ammoniaque, de soude, de magnésie et de potasse.

Il dissout dans ces sels le nitrate et le chlorure ou tout autre sel d'argent.

La différence entre cette solution et celles d'Elkington, de M. Boettger et de Brugnatelli consiste dans LE DISSOLVANT des sels d'argent INSOLUBLES dans l'eau.

Le dissolvant de Brugnatelli, c'est l'ammoniaque ou alcali volatil.

Le dissolvant de M. Boettger, c'est le nitrate d'ammoniaque alcalinisé par un léger excès d'ammoniaque.

Le dissolvant d'Elkington, c'est le prussiate de soude, de potasse ou d'ammoniaque.

Le dissolvant de M. Roseleur, c'est le sulfite.

Dès que le procédé de M. Roseleur fut connu, l'industrie s'en empara : MM. Closmenil et Garnier fabriquèrent.

M. Christofle fit immédiatement pratiquer des saisies chez les fabricants et dans le laboratoire scientique de l'inventeur.

Trois experts furent nommés : ce sont MM. Barral, Chevalier et Henri.

Leur rapport conclut à la contrefaçon sur la double question de dorure et d'argenture.

Voici leur résumé sur l'argenture :

« En résumé, nous disons donc :

« 1° Que M. Elkington a, *le premier*, pratiqué l'argenture par immer-
« sion dans de *véritables dissolutions*, parce que le procédé d'immersion
« du *29 septembre 1840* est *le premier* qui soit *véritablement praticable*
« *dans l'industrie*;

« 2° Qu'il est certain que M. Elkington a, le premier, *appliqué la*
« *pile* à l'industrie de l'argenture;

« 3° Que M. Elkington est le premier qui ait obtenu des objets ar-
« gentés *à épaisseur*, et qu'il a, ainsi, créé de *nouveaux produits in-*
« *dustriels*. »

Dans ce système, Elkington ne datait que de 1840. Le brevet de 1838 était mis de côté comme *non praticable dans l'industrie*.

L'emploi de véritables dissolutions, l'application de la pile et, par la pile, la création de produits nouveaux, cela, mais cela seul, appartenait à Elkington.

M. Roseleur employait une DISSOLUTION; il se SERVAIT DE LA PILE; il argentait à ÉPAISSEUR.

Il était donc, suivant le rapport, contrefacteur à ces trois points de vue.

Comme il pouvait, néanmoins, échapper à cette triple accusation, MM. les experts examinèrent *subsidiairement* la question d'identité des liqueurs.

Au premier abord ils semblèrent, quant à l'immersion, décider en faveur de M. Roseleur, car ils dirent : « Il est évident qu'argenter par
« le sulfite double de soude et d'oxide d'argent *ce n'est pas la même*
« *chose*, dans la forme, qu'argenter par le cyanure double de sodium
« ou de potassium et d'argent. »

Jusque là M. Roseleur avait gagné.

En vain ajoutaient-ils :

« Mais au fond, c'est pratiquer la même industrie. »

Qu'importait cela à l'affaire? Le fait de pratiquer la même industrie n'est pas une contrefaçon. Pour contrefaire, il faut pratiquer l'industrie par les mêmes moyens.

Mais ils disaient, toujours en parlant de l'immersion :

« ..... Argenter le cuivre ou le laiton par le cyanure double ou le

« sulfite double, c'est toujours argenter dans un sel double *alcalin*. »

Puis, en parlant de la pile :

« Argenter par la pile, dans du SULFITE DOUBLE D'OXIDE D'AR-
« GENT et de soude ou dans un PRUSSIATE DOUBLE D'ARGENT ET
« DE SOUDE, c'est argenter dans un SEL DOUBLE ALCALIN, en dé-
« composant ce sel double par un courant galvanique. Employer l'un
« des procédés c'est contrefaire l'autre, tandis que celui-ci est breveté ;
« car c'est emprunter tout ce qui produit la réussite, l'*alcali*. »

De sorte que le subsidiaire nous ramenait, comme on voit, au brevet
de 1838, en lui donnant un sens et une portée qu'il n'a pas ; car c'était
supposer à Elkington l'idée de breveter *l'alcalinité* de tous les corps
propres à argenter.

Je n'ai pas besoin de faire remarquer combien il était étrange, que les
experts recourussent, même subsidiairement, au brevet de 1838, après
avoir déclaré que le procédé de 1840 était *le premier véritablement applicable dans l'industrie*.

L'affaire vint à l'audience du 16 août 1847.

Sur les conclusions principales des experts,
J'essayai de montrer :

1° *Qu'Elkington n'avait pas, le premier, en septembre 1840, employé
de véritables dissolutions.*
Brugnatelli, en 1803, les bouillitoires, avant 1834, M. Boettger, en
juillet 1840, furent mes preuves ; elles étaient décisives.

2° *Qu'Elkington n'avait pas, le premier, appliqué la pile à l'industrie
de l'argenture.*
Les travaux de Brugnatelli et de M. Boettger, imprimés et publiés, ne
laissaient aucun doute sur ce point.

3° *Qu'Elkington n'avait pas, le premier, argenté à épaisseur.*
La notoriété de ce fait eût pu faire douter de la science des experts.
Tous les livres qui parlent d'argenture indiquent l'application possible
et usuelle de quarante, cinquante, soixante feuilles. Qui n'a vu et manié
du plaqué ? Enfin, Elkington ne disait-il pas dans son brevet de 1840 :
« S'il ne faut qu'une *mince couche d'argent*, comme pour *l'argenture
« ordinaire*, faire chauffer et bouillir la solution ; si la couche doit être
« *plus épaisse*, comme pour les *objets plaqués*, employer la solution
« froide et faire jouer la batterie galvanique »? Donc il y avait, avant lui,
des objets argentés à épaisseur.

La conséquence fut de demander la déchéance du brevet de 1840 en
ce qui touche l'emploi exclusif de la pile.

Sur les conclusions subsidiaires des experts,

J'essayai de démontrer :

1° *Que le brevet de 1838, pris par Elkington, ne renfermait rien de neuf.*

Son procédé était, suivant moi, copié sur celui du bouillitoire.

Il suffisait de comparer les deux formules : la réduction de six substances à quatre ou à deux n'existait pas; au besoin, elle ne constituait pas une invention ; l'addition du bichlorure de mercure n'était qu'une équivalence ou une superfluité ; la seule intention de l'auteur était de substituer une dissolution à une pâte, et cela était fait depuis longtemps.

2° *Que ce brevet n'était ni exact ni nouveau en ce qui touche l'alcalinité.*

Pour cela, plusieurs raisons :

Les procédés décrits étant neutres ou acides, il n'en pouvait sortir une formule générale alcaline ;

Si le brevet de 1838 eût compris *toutes* les substances alcalines, il eût été plus que superflu de prendre, en 1840, un brevet pour l'une d'entre elles ;

Enfin, l'argenture se faisant très bien dans des bains acides, on ne pouvait breveter l'alcalinité comme principe de l'argenture.

En ce qui touche l'argenture par la pile, il y avait une raison spéciale ; on ne pouvait lui appliquer un brevet pris pour l'immersion, car ce sont deux arts spéciaux. Que si on le pouvait, on voyait immédiatement surgir Brugnatelli qui, ayant, en 1803, employé une solution alcaline, primait Elkington de 37 ans.

La conséquence fut de conclure à la déchéance ou totale ou partielle du brevet de 1838.

Présents à l'audience, MM. les experts demandèrent quelques jours pour répondre, et, le 4 août, rédigèrent un travail intitulé : *Supplément de Rapport.*

Ce *Supplément* maintenait les conclusions du Rapport, tout en avouant qu'en juillet 1840, M. Boettger avait appliqué la pile à une dissolution alcaline ; mais, suivant MM. les experts, cette dissolution ne valait rien, et Elkington, ayant encore toute *l'invention industrielle* à décrire, avait pu breveter l'emploi de la pile. Quant à la liqueur de M. Roseleur, ils la trouvèrent condamnable à raison de son alcalinité.

M. l'avocat du roi, de Gaujal, donna ses conclusions à l'audience du 24 août 1847.

Il pensa, sur l'immersion, qu'il n'y avait lieu de se prononcer, nulle saisie n'ayant été faite de liquide propre à argenter par l'immersion.

Il pensa, sur la pile, que Brugnatelli et M. Boettger avaient précédé Elkington.

Mais il crut que le brevet de 1838 avait pu breveter l'alcalinité ; que ce brevet ne devait pas tomber en déchéance, et ce, non seulement par les deux raisons données par les experts, mais encore par une troisième, tirée de ce que le procédé du bouillitoire était une pâte et non une dissolution ; enfin, il parut croire, puisqu'il ne s'explique pas sur ce point, que le brevet était applicable à l'argenture par la pile quoique pris pour l'argenture par immersion.

Ma *Réplique* eut pour objet de répondre au *Supplément de Rapport* et au *Réquisitoire*.

J'ai cru devoir, pour en rendre la lecture plus facile, la diviser en *sections* et en *chapitres*.

Je me fais un vrai plaisir de reconnaître ici que la plupart des arguments de la réplique et de la plaidoierie sont empruntés aux travaux de M⁰ André, l'un de nos jeunes confrères les plus distingués, et qui, dans l'intérêt de cette affaire, s'est, pendant deux années, consacré à l'étude de la chimie.

Paris, 28 août 1847.

Félix LIOUVILLE,
Avocat, Docteur en Droit.

RÉPLIQUE

DE

Mᵉ LIOUVILLE.

Audience du 10 août 1847.

Messieurs,

Je ne m'attendais pas à prendre la parole aujourd'hui : mais mon confrère a désiré que je vous présentasse, avant sa plaidoierie, quelques observations sur l'argenture, et je vais le faire aussi brièvement que possible.

Vous savez que l'argenture se divise en argenture *par immersion*, et en argenture *par la pile galvanique*.

J'examine d'abord l'argenture par immersion.

PREMIÈRE PARTIE.

ARGENTURE PAR IMMERSION.

Roseleur a-t-il contrefait la liqueur brevetée par Elkington pour l'argenture par immersion ? Elkington a-t-il des brevets valables ? Telle est la question.

Sur l'argenture, Elkington n'a que deux brevets, l'un de 1838, l'autre de 1840.

Je les examine successivement.

SECTION PREMIÈRE.

BREVET DE 1838.

Je soutiens la déchéance ou totale ou partielle de ce brevet.
Mais dès l'abord on m'oppose une fin de non-recevoir.

CHAPITRE Ier.

Fin de non-recevoir.

La fin de non-recevoir est tirée de ce qu'on n'a pas saisi de
liqueur propre à argenter par immersion. D'où, pas d'action
en contrefaçon ; et s'il n'y a pas d'action principale en contrefaçon, il n'y a pas d'action reconventionnelle en déchéance.

Je réponds :

Les liquides saisis sont propres à argenter par l'immersion,
comme par la pile.

Roseleur a breveté l'argenture par l'immersion comme l'argenture par la pile et à l'aide des mêmes liqueurs.

Le Tribunal a ordonné qu'on expérimentât sur ses brevets.

Le Rapport contient, en vingt endroits, des expériences sur
ses liqueurs, par voie d'immersion (1).

Donc la question reste au procès.

Du reste, la contrefaçon par la pile est poursuivie : or, on se
sert contre Roseleur, dans cette partie du procès, du brevet de
1838. Donc, il a le droit de l'attaquer reconventionnellement.

---

(1) Voir *Rapport des experts*, pages 40, 42, 73, 79.

CHAPITRE II.

Déchéance totale du brevet.

J'examine d'abord la déchance totale de ce brevet.

Vous le trouverez page 267 du Rapport.

En voici l'économie :

Elkington explique son procédé; après quoi il brevète, d'une manière générale tous les sels ou autres substances chimiques et alcalines propres à argenter; le tout, dans le but de substituer une dissolution à la pâte autrefois employée (1).

Or, j'ai soutenu que ce brevet devait être frappé de déchéance, le procédé dont il renferme la description n'étant que la reproduction du procédé des bouillitoires tel que le décrit le *Journal des Connaissances utiles,* au mot : *Doreurs sur cuivre,* année 1834, page 161, quatre années avant le brevet d'Elkington.

Je remets sous vos yeux le texte du journal :

DOREURS SUR CUIVRE : QUINCAILLIERS : BOUILLITOIRE POUR ARGENTER LE CUIVRE.

« On dissout dans de l'acide nitrique (eau forte) de l'argent fin, en em-
« ployant la moindre quantité possible d'acide : si celui-ci est pur, il ne
« reste rien, si au contraire il contient, comme cela arrive presque habi-
« tuellement un peu d'acide hydrochlorique, il se fait un précipité blanc
« grumulé, comme du lait caillé; on y verse une dissolution bien claire
« de sel marin dans l'eau, jusqu'à ce qu'il ne se produise plus de préci-
« pité, et on lave celui-ci plusieurs fois avec soin avec de l'eau, que l'on
« sépare chaque fois que le précipité est déposé. Pour 10 gr. d'argent,
« on mêle le chlorure obtenu avec 633 gr. de sel marin blanc, 20 gr.

---

(1) Voir *infrà* le texte même du brevet, pages 12 et 13.

« de sel ammoniac, 80 gr. de sel de verre, 10 gr. de sel de nitre, 2 gr.
« d'arsenic blanc, 80 gr. de crême de tartre.

« On blanchit les pièces à argenter en les passant dans l'eau-forte, et
« quand elles ont pris une belle teinte dorée, *on passe dans de l'eau bouil-*
« *lante une petite quantité du mélange*, et on y PLONGE *les pièces* à argen-
« ter, qui se couvrent d'une couche d'argent très brillante ; on les lave
« avec soin et on les sèche tout de suite. »

Voici maintenant celui du brevet :

« Lorsque je veux que les objets soient fortement recouverts d'argent,
« je fais dissoudre le chlorure d'argent dans un sel CONVENABLE : je pré-
« fère le *chlorure de sodium*, de *potassium* ou le *muriate d'ammoniaque ;*
« pour une once de chlorure d'argent, j'emploie une livre de *muriate*
« *d'ammoniaque*, 48 grains ou environ de bichlorure de mercure et une
« certaine quantité d'eau suffisante pour dissoudre les sels. Je fais bouil-
« lir le tout jusqu'à ce que le chlorure d'argent soit complètement dis-
« sous. Je fais usage de cette solution pendant qu'elle *est bouillante;* et
« les objets à argenter, *après avoir été bien nettoyés,* y sont *plongés* et re-
« mués jusqu'à ce qu'ils soient recouverts de cette mixture. »

Vous voyez que le grand homme s'est borné à traduire en
langage scientifique l'humble parler de nos modestes bouillitoires, appelant le sel marin du *chlorure de sodium*, le sel de
verre du *chlorure de potassium*, le sel ammoniac du *muriate
d'ammoniaque*, le sel de nitre du *nitrate de potasse*, la crême
de tartre du *bitartrate de potasse*, et remplaçant quelques unes
de ces substances par du *bichlorure de mercure*, qui n'ajoute
rien à l'efficacité de la solution (1).

---

(1) Un tableau comparatif fera mieux ressortir la ressemblance :

SELS DU BREVET.	SELS DU BOUILLITOIRE.
Chlorure de Sodium.	Sel marin ou chorure de sodium.
Chlorure de potassium.	Sel de verre on chorure de potassium.
Muriate d'ammoniaque.	Sel ammoniaque ou muriate d'ammoniaq.
Bichlorure de mercure.	Sel de nitre ou nitrate de potasse.
	Arsénic blanc ou acide arsénieux,
	Crême de tartre ou bitartrate de potasse.

Il y a donc lieu à déchéance, car au lieu d'un inventeur, vous n'avez devant vous qu'un copiste (1).

A cette demande en déchéance plusieurs objections :

1° *Objection :*

La première est celle-ci : le procédé des bouillitoires n'est pas, dit-on, le même que celui d'Elkington, parce que les bouillitoires emploient six substances, indépendamment du chlorure d'argent, tandis qu'Elkington n'en emploie que deux, dont une seulement empruntée aux bouillitoires, et la deuxième nouvelle.

Réponse :

La réponse est facile. Il est vrai que, dans la première partie du brevet, Elkington semble n'indiquer que trois substances au choix, parmi celles des bouillitoires; mais veuillez lire un peu plus loin, et vous vous convaincrez non seulement qu'il les brevète *ensemble* et *séparément*, ce qui détruit la prétendue réduction de 6 à 2 ; mais même qu'il brevète *tous les sels propres à argenter*. C'est à la page 268 du Rapport :

« Il est bien entendu que les matières que je viens d'indiquer ne sont pas les seules qui peuvent servir à argenter les métaux ; je me réserve le

---

(1) « En 1834, le *Journal des Connaissances utiles* (vol. 3, p. 161), publiait un procédé d'argenture au trempé ; la recette conseillée aux doreurs est la suivante : . . . . .

. . . .

« Le 14 juillet 1838, M. Elkington a breveté CETTE MÊME RECETTE en conseillant ces proportions...... »

Leçons de *M. Soubeyran* à l'école de pharmacie. (*Gazette des Tribunaux* du 21 avril.)

« droît d'employer *tous les sels* ou autres substances chimiques et alca-
« lines susceptibles d'obtenir le même résultat. Je n'en fais pas ici l'énu-
« mération parce qu'elle serait beaucoup trop longue : on comprendra
« facilement que, *soit les unes, soit les autres*, ces substances sont pro-
« près à atteindre le but que je me propose, si on les emploie *ensemble*
« ou *séparément;* c'est pourquoi je réclame le droit privatif d'argenter
« les métaux dans une solution de chlorure d'argent obtenue par les
« moyens et procédés que je viens de décrire et en les trempant dans
« ladite solution au lieu de les recouvrir d'une pâte et de les frotter ou
« brosser comme cela a lieu d'après l'ancien système. »

Ainsi, ce que brevète Elkington, ce n'est pas la réduction de six substances à deux. Cette réduction n'est qu'un *exemple* de son procédé, puisqu'après avoir choisi ce premier sel dans ceux du bouillitoire, il les indique ensuite *tous*, soit *ensemble*, soit *séparément*.

Comment, d'ailleurs, parler de réduction de 6 à 2, en faveur de l'homme qui étend le nombre six jusqu'à l'infini, puisqu'il brevète *tous les sels* ou *autres substances*, avec cette seule condition que ces autres substances soient chimiques et alcalines?

Comment dire que cet homme invente *par réduction*, lorsqu'il dit qu'il brevète tous les sels, employés *ensemble* ou *séparément?*

Entendre ainsi le brevet, c'est évidemment l'entendre autrement que l'inventeur lui-même.

Ce que celui-ci a voulu breveter est, d'ailleurs, net et clair ; ce qu'il réclame, il le dit :

« *C'est pourquoi je réclame le droit privatif d'argenter les*
« *métaux en les trempant dans une dissolution au lieu de*
« *les recouvrir d'une pâte, et de les frotter ou brosser, comme*
« *cela a lieu d'après l'ancien système* ».

Voilà tout son brevet : il est uniquement dans la substitution d'une solution liquide à une pâte, d'un lavage à un brossage, et non pas dans une réduction de 6 substances à 2.

Mais admettons pour un instant que l'inventeur ait voulu breveter la réduction de 6 à 2, le brevet sera-t-il valable en cela?

Évidemment non.

En effet, si les six substances argentaient également, les réduire à trois et dire qu'une seule de ces trois suffit, c'est toujours garder du procédé primitif un des moyens qui le faisaient réussir. Or, on ne peut breveter à son profit un des moyens qui faisaient réussir un procédé antérieur : la loi brevète l'invention et non la simplification.

Que si, dans les six substances, il n'y en avait que trois qui pussent argenter, et qu'une d'elles suffit pour argenter, prendre ces trois substances et breveter leur emploi alternatif, c'est encore prendre à l'ancien procédé tout ce qui le faisait réussir : ce n'est pas plus inventer que dans le cas précédent.

C'est dire : *Dans les six substances du bouillitoire, toutes sont bonnes*, ou bien : *dans les six substances du bouillitoire, trois sont bonnes*, langage très licite, mais qui n'autorise pas à ajouter : *Je les prends pour moi seul !*

Que résulte-t-il, en effet, du brevet d'Elkington ? Il en résulte que sur les six substances du bouillitoire il y en a plusieurs qui sont inertes, qui sont des inutilités. Or, peut-il passer par la tête de personne qu'un brevet puisse être concédé à celui qui, dans plusieurs substances précédemment employées, ira prendre et isoler la bonne? Non, évidemment : l'invention ne consiste pas à se débarrasser des choses inutiles, mais à trouver, le premier, la chose utile.

Or, la chose utile, on l'avait trouvée déjà dans le bouillitoire : peut-être sans en soupçonner la puissance, je le veux bien ; mais *enfin, on l'avait trouvée*, puisque c'est là qu'Elkington va la prendre. J'ai donc le droit de dire qu'il ne l'a pas inventée.

Est-ce que, par hasard, cette question ne s'est pas déjà présentée devant le Tribunal? Est-ce que vous n'avez pas souvent entendu de prétendus inventeurs soutenir devant vous qu'ils n'avaient pas avec eux tout l'attirail des inventions anciennes ? Qu'avez-vous dit, qu'avez-vous fait en de pareils cas? Vous vous êtes attachés à rechercher dans les procédés anciens le point utile, le caractère efficient, et après l'avoir déterminé, vous avez dit : « Quimporte que l'inventeur n'ait pas connu toute la puis-« sance de son procédé, si, en définitive, il en a découvert le « véritable point scientifique et industriel? Qu'importent les inu-« tilités dont il l'a entouré? Ce qui est important, c'est qu'il ait « découvert le premier ce qui fait agir utilement son procédé. » Et vous avez eu raison. Or, ce qu'on dit pour l'inventeur breveté, il faut évidemment le dire pour le public, afin que son domaine ne soit pas accaparé par un usurpateur assez hardi pour tenter de confisquer le bien de tous.

Voilà, Messieurs, ce que j'avais à vous dire relativement à la réduction de six substances à deux. Cette restriction n'existe pas : c'est tout le contraire ; il y a une extension universelle. Existât-elle, elle ne constituerait pas une invention.

Deuxième Objection :

Le procédé d'Elkington emploie une substance nouvelle. Il substitue le bi-chlorure de mercure, c'est-à-dire le sublimé corrosif, au sel marin, au sel de verre, au sel de nitre, à l'arsénic blanc, à la crême de tartre employés dans les bouillitoires.

Réponse :

L'argument pourrait, peut-être, avoir quelque force, si le bi-chlorure de mercure était une substance qui vint ajouter quelque

chose à la puissance de la substance conservée , et qui en eut plus
que les substances remplacées : or, elle en a moins. Les chimistes
affirment, et mon client offre de prouver au Tribunal, que l'addition du bichlorure de mercure n'ajoute rien à la puissance du
bain : sans le bichlorure de mercure, on argente de même
qu'avec lui, ni mieux ni plus mal. Si cela est vrai, il en résulte
que cette substance est complètement inerte, et que son addition, dès lors, n'est pas plus brevetable que ne le serait l'apport
d'une goutte d'eau dans un verre de ce liquide.

Cela résulte du rapport même de MM. les experts : ils ont
voulu, le 30 novembre, je crois, essayer le procédé d'Elkington,
et je lis, page 247 du rapport :

« Le chlorure d'argent dissous explique complètement pourquoi il y a eu
« argenture : L'ÉTAT ACIDE du bain et la petite quantité de ce chlorure
« en dissolution donnent aussi la raison de la mauvaise qualité des produits
« argentés. »

Ainsi, du bichlorure de mercure, pas le plus petit mot !
le procédé d'Elkington n'a donné qu'une argenture mauvaise ;
on l'eut, sans lui, obtenue de même qualité ; nous en offrons la
preuve (1). Si donc le bichlorure de mercure n'ajoute rien à la
substance ammoniacale dérobée au bouillitoire, son addition ou
sa substitution n'a pu donner à Elkington le droit d'accaparer
à son profit exclusif ce que le procédé du bouillitoire avait mis
dans le domaine public.

Le brevet de 1838 ne peut donc se soutenir.

---

(1) Que disons-nous : *argenture mauvaise ?* MM. les experts n'ont trouvé que de la *bouillie :*
« Nous avons répété bien des procédés de ce brevet, le 20 novembre 1846 (p. 172 de
« ce Rapport), et nous avons reconnu par l'analyse (p. 246) que *l'état acidulé du bain* ex-
« pliquait pourquoi nous n'avions obtenu qu'une argenture *défectueuse.* D'ailleurs, au
« lieu d'une dissolution, nous avons eu une SORTE DE BOUILLIE, comme nous nous y atten-
« dions, *après la lecture du brevet,* etc. »   (*Rapport, page 354*)

Je trouve ici, dans le supplément du Rapport, page 38, que MM. les experts ont fait trois expériences, l'une dans le bouillitoire, la seconde dans le bain Elkington de 1838, la troisième dans le bain Elkington de 1840, et je vois qu'ils affirment la supériorité du bain Elkington de 1838 sur le bouillitoire. Cela m'étonne, car, dans l'expérience contradictoire, il en avait été autrement : le bain Elkington n'avait donné que de mauvais résultats ; je viens de vous en lire le procès-verbal : j'ignore comment l'expérience faite en arrière de nous a pu fournir un résultat contraire. Si le Tribunal attache à ce point quelque importance, il aura à ordonner une nouvelle expérience contradictoire (1).

Mais la question du procès n'est pas une question de supériorité : ce qu'il s'agit de savoir, c'est si Elkington a trouvé un procédé nouveau. On peut, dès lors, négliger ce point.

3ᵉ *Objection :*

Et MM. les experts l'avaient bien compris, car ils se sont attachés à constater (c'est la troisième objection) une différence entre le bouillitoire et le bain Elkington, consistant en ce que la formule du bouillitoire est une formule *acide*, tandis que celle du bain Elkington est une formule *alcaline*.

---

(1) Mais une nouvelle expérience n'est pas utile. La première est si décisive ! MM. les experts n'ont trouvé que de la bouillie ! Rappelez-vous ce que nous venons d'emprunter au Rapport et d'insérer dans la note de la page 9.

« Nous avons répété bien des procédés de ce brevet, le 30 novembre 1846 (p. 172 de « ce Rapport), et nous avons reconnu par l'analyse (p. 246) que *l'état acidulé du bain* « *expliquait pourquoi nous n'avions obtenu qu'une argenture défectueuse.* D'ailleurs, au « lieu d'une dissolution, nous avons eu une SORTE DE BOUILLIE, comme nous nous y atten-« dions, *après la lecture du brevet,* etc. *(Rapport, page 354.)*

Réponse :

Je me trompe ! ce ne sont pas MM. les experts qui ont dit cela : c'est M. l'avocat du roi, et le signe que vient de me faire M. l'expert Barral pour m'avertir de mon erreur, m'apprend en même temps que ce savant magistrat s'est trompé, et que l'argument par lui adopté n'est pas bon.

Si, en effet, la différence entre le bain du bouillitoire et celui d'Elkington, en 1838, reposait sur l'état acide de l'un et l'état alcalin de l'autre, on peut être assuré que MM. les experts eussent fait remarquer ce caractère, eux qui en ont fait la base de leur argumentation sur la dorure, et qui dans l'accomplissement de leur devoir, n'ont pas laissé échapper la plus petite parcelle du plus mince argument en faveur de M. Christofle.

Quant à moi, je ne sais pas si le bouillitoire est acide, mais ce que je sais c'est que le bain Elkington de 1838, loin d'être alcalin, est acide : vous vous rappelez, en effet, ce qu'en ont dit MM. les experts à la page 247 de leur Rapport :

« Le chlorure d'argent dissous explique complètement pourquoi il y a
« eu argenture ; l'état ACIDE du bain et la *petite quantité de ce chlorure en*
« *dissolution,* donnent aussi la raison de la *mauvaise qualité* des produits
« argentés. »

4e *Objection :*

Où donc est le vrai point de la difficulté ?

Dans la quatrième objection.

Cette objection est due à M. l'avocat du roi, et consiste à dire :
« Le bouillitoire est une *pâte :* le procédé d'Elkington est une
« *dissolution :* donc, le procédé d'Elkington n'en est pas la
« copie. »

Réponse :

Cette objection a le mérite de correspondre au texte et à l'esprit du brevet ; seule, elle est l'expression des idées, vraies ou fausses, de l'inventeur qui n'a voulu, soit sciemment, soit par ignorance (car on nous a dit qu'il n'était pas savant), breveter qu'une seule chose, la substitution d'une dissolution à une pâte, d'un lavage à un frottage (1).

Elle a un autre mérite, c'est qu'elle est invincible...... si elle est bonne.

Heureusement pour nous, elle est mauvaise :

En effet, le procédé du bouillitoire tel qu'il est décrit au *Journal des Connaissances utiles*, porte :

« On blanchit les pièces à argenter en les passant dans l'eau-forte, et
« quand elles ont pris une belle teinte dorée, on jette *dans de l'eau*
« *bouillante une petite quantité du mélange, et on y* PLONGE les pièces
« à argenter qui se couvrent d'une couche d'argent très brillante ; on les
« lave avec soin et on les sèche tout de suite. » (2)

Le mot *bouillitoire* vient même de ce qu'on emploie l'*eau bouillante* pour ce bain d'argenture.

MM. les experts se servent d'ailleurs du mot *bain* pour désigner le procédé du bouillitoire :

« Pour montrer au tribunal qu'il y a progrès dans le procédé Elking-
« ton, nous avons fait de l'argenture dans le BAIN DU BOUILLITOIRE :
« Dans le *bain* d'Elkington du brevet de 1838 ;
« Dans le *bain* aux cyanures du brevet de 1840, etc. »

(Supplément au Rapport, p. 38.)

M. Barral me fait, du reste, un signe affirmatif.

C'est donc un fait acquis.

---

(1) Nous ne pouvons trop relire ce résumé du brevet de 1838 :

« C'est pourquoi je réclame ce droit privatif d'argenter les métaux dans une solution de
« chlorure d'argent obtenue par les moyens et procédés que je viens de décrire, et en les
« *trempent dans ladite solution au lieu de les recouvrir d'une pâte* et de les frotter ou
« brosser, *comme cela a lieu d'après l'ancien système.* »   (*Rapport, page 268*).

Et cette idée était aussi, *d'abord*, celle de M. Christofle :

« Pour l'argenture, il n'en est pas ainsi, du moins selon MM. Ch. Christofle et Cⁱᵉ,
« M. Elkington a *le premier* appliqué à la fabrication des objets argentés, *soit le procédé*
« *d'immersion*, soit le procédé de la pile. »   (*Rapport, page 353*.)

(2) Voir aussi cette description page 56 du *Supplément de Rapport.*

Ce qui a trompé M. l'avocat du roi, c'est que dans le reste
de l'article on donne les procédés de trois ou quatre pâtes pour
argenter dues à M. d'Arcet. (1)

Retenez donc, Messieurs, ce point capital qu'Elkington trompait le public ou se trompait lui-même lorsqu'il réclamait le
droit privatif d'argenter les métaux *en les trempant dans une
solution au lieu de les recouvrir d'une pâte et de les frotter
ou brosser*, COMME CELA, disait-il, A LIEU D'APRÈS
L'ANCIEN SYSTÈME. (Brevet de 1838. Rapport, page 268).

La conséquence de ce que je vous ai dit jusqu'à présent est la
déchéance totale du brevet. Car si le procédé indiqué par Elkington est dans le domaine public, Elkington n'a pas pu en
clore la description détaillée par une déclaration qui le généralise
et qui, sous prétexte de résumer l'invention, accapare, au profit
du déclarant, *tous les sels* ou *autres substances chimiques et
alcalines susceptibles d'argenter les métaux*. Le procédé tom-
bant, la déclaration généralisante qui le suit tombe avec lui.
Cela n'est pas à discuter et on nous l'accorde volontiers.

CHAPITRE III.

*Déchéance partielle du brevet, en ce qui touche l'alcalinité
seulement.*

Mais je vais plus loin, et je soutiens que le brevet fût-il bon
et renferma-t-il un procédé autre que le bouillitoire et suscep-
tible d'être breveté, je puis demander la déchéance de ce brevet,
non pas sans doute dans la partie qui regarderait le procédé
neuf, mais dans la partie généralisante, dans celle qui regarde

---

(1) Voir la description de ces pâtes dans le *Supplément de Rapport*, page 57.

tous les sels ou *autres substances chimiques et alcalines*, seule partie qui nous intéresse, car nous laissons volontiers à M. Christofle l'usurpation du procédé du bouillitoire.

1°

Comparaison du procédé avec son prétendu principe.

Essayons donc de démontrer la nullité du brevet de 1838, au chef de l'*alcalinité* : c'est la partie qui commence par ces mots : *il est bien entendu que les matières*, etc… et qui finit par ceux-ci : *comme cela a lieu d'après l'ancien système*, page **268** du Rapport.

Le procédé décrit par Elkington (page **267** du Rapport) fait dissoudre l'argent dans l'acide nitrique et y ajoute du chlorure de sodium ou autres substances analogues.

Si les objets à argenter sont de qualité inférieure, il ajoute à la solution une certaine quantité d'acide muriatique.

Si les objets doivent être fortement recouverts d'argent, il emploie le chlorure de sodium, de potassium, ou le muriate d'ammoniaque ; il y ajoute du bichlorure de mercure et de l'eau.

Quelle est la nature de ces deux bains ?

Le 1er est acide, puisqu'on ajoute au chlorure d'argent, neutre par lui-même, de l'acide muriaque en excès.

Le 2e est neutre. MM. les experts, examinant la nature du chlorure de sodium (muriate de soude) et du chlorure de potassium (muriate de potasse), disent très bien, page **349** : « A cette occasion, nous devons faire remarquer que M. Rose- « leur avait raison de dire que le muriate, sulfate, ou nitrate « de potasse n'est point *alcalin*. » Quant au muriate d'ammoniaque, il est de la même nature que les deux autres.

Ajoutons même que ce 2ᵉ bain devient acide pendant l'ébullition.

Aussi MM. les experts ont-ils reconnu l'acidité de ce bain dans ce passage que j'ai déjà eu l'honneur de vous lire :

« Le chlorure d'argent dissous explique complètement pourquoi il y a
« eu argenture : L'ETAT ACIDE du bain et la petite quantité de ce chlo-
« rure en dissolution donnent aussi la raison de la mauvaise qualité des
« produits argentés (1). »   (*Rapport, page* 247.)

Ceci entendu, et le procédé d'Elkington étant soit neutre, soit acide, mais n'étant *jamais alcalin*, on se demande comment Elkington pourrait avoir breveté l'*alcalinité* comme *principe de ce procédé ?*

Remarquez bien qu'aux termes de l'article 30 de la loi de 1844, qui n'est, en cela, que la reproduction de la jurisprudence antérieure, « sont nuls et de nul effet les brevets qui « portent sur des principes, méthodes, systèmes, découvertes « ou conceptions théoriques, ou purement scientifiques dont on « *n'a pas indiqué les applications industrielles.* »

Et faites avec nous le dilemme :

Ou Elkington n'a pas voulu faire application de son principe d'alcalinité à un procédé..., et alors il a breveté un principe sans indiquer ses applications industrielles ;

---

(1) Ajoutons à ce passage cet autre non moins décisif et déjà cité (*supra*, pages 9 et 10) où messieurs verront, de plus, quelle peut être la supériorité du bain Elkington sur le *bouillitoire* :

« Nous avons répété bien des procédés de ce brevet, le 30 navembre 1846 (p. 182 de
« ce Rapport), et nous avons reconnu par l'analyse (p. 246) que *l'état acidulé du bain* ex-
« pliquait pourquoi nous n'avions obtenu qu'une argenture *défectueuse*. D'ailleurs, au lieu
« d'une dissolution, nous avons eu une SORTE DE BOUILLIE, comme nous nous y attendions,
« *après la lecture du brevet*, etc. »   (*Rapport, page* 254.)

Ou Elkington a voulu faire l'application de son principe à un procédé... et, tout en le voulant, il ne l'a pas fait, puisque son principe est l'alcalinité et que le procédé qu'il décrit n'est pas alcalin.

Donc le brevet sur l'alcalinité est frappé de nullité.

Maintenez Elkington ! Donnez-lui l'*alcalinité* en général, pour l'argenture, sans qu'il ait besoin d'indiquer son procédé !.. demain vous en aurez un autre qui vous demandera, pour tout autre art, l'électricité, la couleur, la courbure, l'élasticité, l'état quelconque de toute substance quelconque !.... Donnez à Elkington tous les sels ou toutes les substances alcalines, quoiqu'il indique un procédé où il n'y a rien d'alcalin !.... et dites-moi ce que deviendront ces minutieuses précautions inventées par le législateur pour circonscrire dans de justes limites les droits des inventeurs ?

Du reste, cette antinomie entre les moyens et le principe est, à mes yeux, une preuve éclatante qu'Elkington n'a vraiment pensé qu'à une chose dans son brevet, à la seule qu'il réclame, au *droit privatif* de substituer une solution à une pâte, un lavage à un brossage.

2°.

Comparaison du prétendu principe avec deux faits graves.

Deux circonstances me viennent en aide sur ce point.

La première consiste dans le fait même de la prise d'un brevet nouveau en 1840.

Dans cette patente, Elkington brevète spécialement les *cyanures* ou *prussiates*, pour l'argenture par immersion. Donc il n'avait pas, même à ses propres yeux, breveté en 1838, *tous les sels ou autres substances chimiques ou alcalines* au point de vue de l'alcanité ; car si cela eût été, à quoi eût servi son deuxième brevet ? Donc, en 1838, il n'a entendu les breveter, comme il le dit lui-même, qu'*au point de vue de la substitution d'une dissolution* à une *pâte*, d'un *lavage* à un *frottage*, ce que j'ai prouvé avoir été fait avant lui.

La seconde circonstance attaque directement le principe même de l'alcalinité.

L'alcanité est, en effet, si peu le principe de l'argenture qu'Elkington, dans son brevet de 1838, ne donne qu'un procédé dont les états sont, suivant les circonstances, ou neutres ou acides, ainsi que vous venez de le voir (1) : donc on argente dans des bains acides. Si on argente dans des bains acides, l'alcalinité n'est donc pas le principe de l'argenture. N'est-il pas clair, ici, que la première partie du brevet détruit la seconde, et que l'application réelle tue le principe imaginaire... si on veut voir dans la seconde partie du brevet le désir de prendre l'alcalinité comme principe de l'invention ?

Ainsi, je n'ai pas, comme mon confrère pour la dorure, besoin d'expériences. Il n'y a pas, pour moi, de contestation possible : je prends le brevet et je dis : « Vous avez vous-même déposé dans « ce brevet la preuve que vous argentez dans des bains acides ; « donc l'alcalinité n'est pas le principe de votre argenture. « Donc vous n'avez pu breveter l'alcalinité comme principe(2). »

---

(1) *Voir supra* page 22.

(2) Nous avons déjà rapporté, notamment à la page 17 (texte et note) de cette plaidoirie deux passages du *Rapport* constatant l'état acide du bain Elkington de 1838.

Ce rapport nous fournit une troisième preuve de la possibilité d'argenter dans un bain acide, dans une expérience faite le 24 décembre 1846 ; le procès-verbal est transcrit au *Rapport*, page 179 : et voici comment MM. les experts en rendent compte aux pages 253 et 254 :

Examen d'un bain d'argent fait avec un excès d'acide sulfureux.

« Pour prouver que l'alcalinité n'est pas utile pour l'argenture, M. Roseleur a demandé à faire un « bain d'argent ACIDE. . . . .
« En résumé, les bijoux avaient un assez bel aspect.
« Cette opération *a réussi complètement.* »

4

3°.

L'origine du prétendu principe n'appartient pas à Elkington.

Permettez-moi maintenant d'envisager la question sous une autre face.

Admettons, par hypothèse, qu'Elkington ait pu breveter l'alcalinité; d'où lui sera donc venue cette alcalinité?

Nous ne trouvons dans son procédé que du *bichlorure de mercure* et du *muriate d'ammoniaque*, celui-ci pouvant être remplacé par le *chorure de sodium* ou le *chlorure de potassium :*

D'où lui vient donc son alcalinité?

Du bichlorure de mercure?

Mais le bichlorure de mercure n'est pas alcalin par sa base, le mercure, et n'a pas de réactions alcalines.

Du muriate d'ammoniaque, du chlorure de sodium ou du chlorure de potassium?

Je le veux... J'accorde que ces substances, au lieu d'être *neutres*, soient alcalines.

Mais où Elkington les a-t-il prises? DANS LE BOUILLI-TOIRE? Si c'est dans ces substances que se trouve l'alcalinité, il a donc dérobé au bouillitoire cette alcalinité, son principe breveté ;

Et je puis poser ce dilemme :

Les substances employées dans son procédé sont acides ou alcalines :

Acides, elles ne peuvent servir de base à un brevet protégeant l'alcalinité ;

Alcalines, elles ne peuvent être brevetées, puisqu'elles sont depuis longtemps employées dans le bouillitoire.

4°.

Travaux alcalins antérieurs au brevet.

Ici, je trouve sous ma main un autre argument ; mais j'avoue que je n'y touche qu'avec une certaine crainte, car je ne le crois pas bon. J'en dis un mot, cependant, parce qu'on l'emploie contre moi, en ce qui touche l'argenture par la pile ; et je le présente, afin de placer mes adversaires dans la nécessité de l'abandonner ou de le subir.

Cet argument, le voici :

MM. les experts n'ont pas voulu reconnaître dans les travaux de Brugnatelli l'emploi de la pile d'une manière complète. Mais M. l'avocat du roi a positivement reconnu, et vous reconnaîtrez avec lui, que Brugnatelli avait, en 1803, argenté par la pile. Or, avec quoi a-t-il argenté ? Avec des ammoniures, ainsi qu'on peut s'en convaincre par ce qu'il en a dit dans le *Journal de Chimie et de Physique* de Van Mons ; veuillez vous reporter à la page 166 du rapport :

« La méthode la plus expéditive de réduire à l'aide de la pile les OXIDES MÉTALLIQUES DISSOUS est de se servir, à cet effet, de leurs ammoniures ; c'est ainsi qu'en faisant plonger les extrémités de deux fils conducteurs de platine dans de l'ammoniure de mercure, on voit en peu de minutes *le fil du pôle négatif se couvrir de gouttelettes* de ce métal ; de cobalt, si l'on opère avec du cobalt, d'arsenic, etc... Je me servis de fils d'or pour réduire de cette manière l'ammoniure de platine que j'ai dernièrement obtenu et examiné ; le platine ainsi *réduit sur l'or* a une couleur qui tourne vers le noir ; mais étant frotté entre deux morceaux de papier, *il prend l'éclat de l'acier ;* je fis usage de fils d'argent pour réduire l'or, ce qui réussit promptement. »

Et plus loin :

« J'ai dernièrement *doré d'une manière parfaite deux grandes médailles d'argent* en les faisant communiquer à l'aide d'un fil d'acier

« avec le pôle négatif d'une pile de Volta, et en les tenant l'une après
« l'autre plongées dans des ammoniures d'or nouvellement faits et bien
« saturés. »

On voit que c'est avec des ammoniures que Brugnatelli a argenté. Or, de quelle nature sont les bains composés d'ammoniures? Il sont alcalins, d'après MM. les experts eux-mêmes, qui s'expriment ainsi, page 320 de leur rapport :

« Il résulte bien de ce passage que Brugnatelli faisait ses essais dans
« des dissolutions ; et comme l'ammoniure dissous dans l'ammoniaque est
« ALCALIN, nous accordons que Brugnatelli a doré à l'aide de la pile deux
« médailles d'argent dans UNE DISSOLUTION ALCALINE. » (1)

Il est donc évident que Brugnatelli a travaillé dans des solutions alcalines; j'enteuds même dire à côté de moi que ses bains étaient beaucoup plus alcalins que ceux d'Elkington. Il n'est donc pas possible d'admettre que, 35 ans après lui, Elkington ait pu breveter l'alcalinité, en matière d'argenture.

Voilà ce que je pourrais dire.

---

(1) Et ailleurs :

(P. 320). « Ainsi, quant à la dorure par la pile, il EST BIEN VRAI que Brugnatelli, avant
« M. Elkington, peut avoir doré dans une dissolution *alcaline* parce qu'elle est ammonicale. »

Et ailleurs :

(P. 321). « Soit, dira-t-on, mais parler d'un ammoniure dissous, n'est-ce pas suggérer
« l'idée d'employer TELLE AUTRE DISSOLUTION ALCALINE qu'on voudra. »

Et ailleurs encore :

(P. 332). « Quand M. Roseleur regardait comme prouvé que M. Elkington n'était pas
« le premier à avoir employé un alcali pour la dorure par la pile, parce qu'il invoquait la
« dorure à la pile de Brugnatelli dans les *ammoniures*, l'argument pouvait avoir de la va-
« leur, M. Elkington substituant AU BAIN ALCALIN de Brugnatelli un autre bain alcalin,
« M. ROSELEUR POUVAIT EN FAIRE AUTANT. »

Enfin, dans le supplément ou rapport :

(P. 16). « Toutefois la partie *liquide* est *alcaline*. »

Mais je ne le dis pas.

Pourquoi ? C'est que j'ai peur, comme je vous le faisais pressentir, que cet argument n'ait pas une force suffisante. Et pourquoi n'aurait-il pas une force suffisante? C'est que Brugnatelli argentait *par la pile*, et que cet art est tout différent de l'argenture par immersion ; il n'y a pas, je crois, de rapport suffisant entre ces deux modes d'argenture pour conclure de l'un à l'autre, et on peut accorder que Brugnatelli a argenté avec des alcalins par la pile, sans accorder qu'il y ait là un précédent valable pour les procédés d'argenture par immersion.

C'est ce que MM. les experts ont bien saisi : aussi, lorsque dans le procédé par la pile, je leur opposais M. Boettger et ses travaux, ils me disaient : « M. Boettger ne se servait pas de la « pile, mais de l'immersion : donc vous n'en pouvez rien con- « clure pour la pile » :

« Cette recherche d'un titre authentique présentait une assez grande « difficulté ; nous l'eussions pourtant entreprise si la lecture du texte de « Boettger ne nous avait pas convaincus que le procédé qu'il décrit n'est « pas un procédé d'argenture au moyen de la pile, mais UN SIMPLE « PROCÉDÉ D'ARGENTURE PAR IMMERSION. »

Rapport, page 564.

Ce mode de réfutation, je ne l'ai pas combattu en lui-même ; je l'ai trouvé juste et fondé ; je me suis borné à montrer que MM. les experts se trompaient en fait. Ici encore, loin de le combattre, je l'adopte ; et j'abandonne, en ce qui touche l'alcalinité des bains d'immersion, l'argument tiré des travaux de Brugnatelli; mais à une condition, c'est que vous voudrez bien vous souvenir de mon sacrifice, lorsque, tout à l'heure, je traiterai la question d'argenture par la pile.

SECTION DEUXIÈME.
BREVET DE 1840.

Le brevet de 1840 ne porte que sur le prussiate de potasse ou autres prussiates solubles.

En voici l'extrait, page 274 du Rapport :

« SECOND PROCÉDÉ (1), il consiste, comme je l'ai dit plus haut, a appli-
« quer l'argent sur certains métaux, *à l'aide de solutions d'argent* et d'un
« courant galvanique.

« On fait dissoudre 155 gr. de chlorure d'argent dans un mélange d'un
« kilogramme et demi de prussiate de potasse et de 9 litres d'eau. On
« agite le liquide et on fait bouillir jusqu'à saturation complète.

« Les pièces à plaquer, décapées au préalable par les moyens connus,
« sont plongées dans la solution ; s'il ne faut qu'une mince couche d'ar-
« gent, comme pour l'argenture ordinaire, on fait chauffer ou bouillir la
« solution. La couche se produisant de quelques secondes à une minute,
« il est inutile d'employer une batterie galvanique ; mais si la couche doit
« être plus épaisse, comme pour les objets plaqués, on emploie la solution
« froide et on fait adhérer cette couche à l'aide d'un courant galva-
« nique, etc. »

Ceci est le procédé, dont la première partie est, comme vous le voyez, relative à l'immersion et la seconde à la pile.

Voici maintenant, dans le résumé, la partie généralisante ; car c'est ainsi que procède toujours Elkington afin d'étendre le plus que possible, et souvent au hasard, ses droits privatifs.

C'est à la page 272 du Rapport :

« Je réclame l'emploi d'une solution d'argent dans du prussiate de
« potasse ou autres prussiates solubles pour argenter les métaux et l'ap-
« plication d'un courant galvanique avec une solution d'argent quel-
« conque, *soit comme simple solution dans un acide* ou combiné avec des
« sels, à l'exception du nitrate d'argent qui est connu, mais peu en
« usage. » (2)

---

(1) Le premier et le troisième procédés sont étrangers à la question.

(2) Que le tribunal ne s'étonne donc pas d'avoir trouvé *acides* les bains d'argenture du brevet 1838, puisque, même dans le brevet de 1840, nous voyons Elkington breveter les bains acides, en parlant de la *simple solution de l'argent dans un acide*.

Ainsi l'emploi des prussiates, en matière d'argenture par immersion, voilà tout ce qu'il réclame.

Ceci entendu, la question est nette.

Que sont, en effet, les liqueurs de M. Roseleur ? Ce ne sont pas des *prussiates ;* ce sont des *sulfites.*

Et tout le monde est d'accord que les sulfites sont des compositions tout à fait différentes des prussiates ou cyanures (1).

Je vous ai même parlé de l'énorme avantage qu'ils possèdent sur les prussiates, ceux-ci renfermant un poison actif, tandis que les sulfites sont des substances innocentes.

Il n'y aurait donc que l'alcalinité qui leur serait commune :

Mais qu'importe ? Le brevet de 1840 ne dit pas un mot de l'alcalinité, se bornant 1° à breveter spécialement une classe de prussiates ; 2° à étendre ensuite le brevet à toutes les substances de la même nature, à tous les prussiates solubles.

Son résumé, que je viens de vous lire, est bien net et bien précis à cet égard : Elkington ne réclame que l'emploi du *prussiate de potasse* et *autres prussiates solubles.*

De l'alcalinité pas un mot, ni au commencement, ni au milieu, ni à la fin du brevet, ni directement, ni indirectement, ni en la nommant, ni par allusion !

Dans ce brevet, où il mêle l'argenture par immersion à l'argenture par la pile, Elkington ne veut qu'une chose : obtenir, pour les deux, l'emploi privatif des prussiates, et y joindre, pour la seconde, l'emploi privatif de la pile.

Rien de plus.

---

(1) Les prussiates ou cyanures sont composés de cyanogène (l'acide) et d'une base (potassium, sodium, ammonium, etc.)

Les sulfites sont composés d'acide sulfureux (l'acide) et d'une base (potasse, soude, ammoniaque, etc.)

En étendant le brevet de 1840 à un principe général d'alcalinité, on lui ferait dire ce qu'il ne dit pas.

Et, personne, d'ailleurs, ne l'a essayé.

Si donc le brevet de 1838 est nul, sous le rapport de l'alcalinité, et je crois l'avoir victorieusement démontré tout à l'heure (1), le brevet de 1840, qui ne parle pas d'alcalinité, ne peut vous arrêter un instant. C'est ce que M. l'avocat du roi déclare et ce que ne contestent pas MM. les experts.

Voilà, Messieurs, ce que j'avais à vous dire relativement à l'argenture par immersion.

Je crois que l'invention n'existe pas, sous quelque rapport qu'on l'envisage.

Je passe à l'argenture par la pile.

DEUXIÈME PARTIE.

ARGENTURE PAR LA PILE.

La discussion, en ce qui touche l'argenture par la pile, se divise en deux parties, l'emploi de la pile et la nature de la liqueur.

SECTION PREMIÈRE.

EMPLOI DE LA PILE.

Je viens de vous lire le résumé du brevet de 1840. Vous avez vu qu'Elkington y réclame un droit privatif pour l'emploi de la pile dans l'argenture.

Or, je vous ai démontré, dans ma plaidoirie, que Brugnatelli, en 1803, et M. Boettger, en juillet et août 1840, avaient publié

____

(1) V. *suprà* page 11 et suivantes.

leurs travaux d'argenture par la pile, et qu'en conséquence le brevet d'Elkington était nul, sa demande ne remontant qu'au 29 septembre 1840.

CHAPITRE I".

Brugnatelli.

Quant à Brugnatelli, MM. les experts persistent à soutenir qu'il n'a jamais argenté par la pile.

Je réponds par les passages que je vous ai déjà lus et que je remets sous vos yeux ; vous les trouverez page 166 du Rapport :

« La méthode la plus expéditive de réduire à l'aide de la pile les oxides
« métalliques dissous est de se servir, à cet effet, de leurs ammoniures ;
« c'est ainsi qu'en faisant plonger les extrémités de deux fils conducteurs
« de platine dans de l'ammoniure de mercure on voit en peu de minutes
« *le fil du pôle négatif se couvrir de gouttelettes* de ce métal ; de cobalt,
« si l'on opère avec du cobalt, d'arsenic, ETC... Je me servis de fils d'or
« pour réduire de cette manière l'ammoniure de platine que j'ai derniè-
« rement obtenu et examiné ; le platine ainsi *réduit sur l'or* a une couleur
« qui tourne vers le noir ; mais étant frotté entre deux morceaux de pa-
« pier, *il prend l'éclat de l'acier;* je fis usage de fils d'argent pour réduire
« l'or, ce qui réussit promptement. »

Et ailleurs :

« J'ai dernièrement *doré d'une manière parfaite deux grandes mé-*
« *dailles d'argent* en les faisant communiquer à l'aide d'un fil d'acier
« avec le pôle négatif d'une pile de Volta, et en les tenant l'une après
« l'autre plongées dans des ammoniures d'or nouvellement faits et bien
« saturés. »

1" *Objection :*

Leur première objection, dans le supplément de Rapport, page 39, est celle-ci :
« Si Brugnatelli eût argenté, il n'eût pas manqué de le dire,

« comme il a dit : J'ai parfaitement doré deux médailles d'ar-
« gent ».

Réponse :

Mais M. l'avocat du roi a fait voir d'une manière claire, et il
lui a suffi pour cela de lire le passage de Brugnatelli, que celui-
ci parle de tous *les oxides métalliques dissous ;* que cette
phrase est générale ; qu'il n'y a pas d'exception pour l'argent ;
que l'arsenic, le platine, le cobalt ne sont désignés qu'énoncia-
tivement et non pas limitativement, et que leur nomenclature
est terminée par un ETC. qui généralise le principe et lui donne
une extension complète.

Telles sont les expressions textuelles que je trouve dans les
notes que je dois à la bienveillance de M. l'avocat du roi, et
elles sont trop nettes et trop justes pour que je me hasarde
d'y ajouter un mot.

2ᵐᵉ *Objection :*

La deuxième objection de MM. les experts, formulée à la
suite de la première, Supp., p. 59, est celle-ci :

« Nous maintenons, disent-ils, que *dans le premier passage*
« de Brugnatelli, quand il parle de *réduction*, cela veut dire
« simplement revivification du métal dissous, mais non pas
« *son application en couche continue et adhérente sur un au-*
« *tre métal*, de manière à le revêtir entièrement et former
« des objets dorés, argentés, platinés. Si cela n'était pas vrai,
« Brugnatelli n'aurait pas eu besoin de revenir, *six mois après*

« *la première note*, sur son sujet, et de s'écrier : *J'ai doré*.
« Il aurait dit de suite : *J'ai doré* ».

Réponse :

Le deuxième passage, suivant nous, loin de contredire le premier, lui servirait d'explication s'il en avait besoin; vous pouvez en juger vous-mêmes par la lecture que je viens d'en faire. Dans tous les cas, six mois de plus ou de moins ne font pas grand'chose à l'affaire, puisqu'ils appartiennent aux années 1802 ou 1803.

Mais je soutiens que MM. les experts ne sont pas dans le vrai en prétendant que le mot *réduire* ne veut pas dire *faire précipiter le métal sur l'autre métal*. En effet, Brugnatelli indique, dans la première phrase, ce qui se passe dans l'opération telle qu'Elkington et M. Roseleur la pratiquent : à savoir qu'en peu de minutes, le fil du pôle négatif se couvre de goutelettes du métal dissous : or, cette opération ne peut pas être d'une certaine nature pour l'un et d'une autre nature pour les autres : elle ne peut pas être une *simple réduction* pour le premier et un *mode d'argenture* pour les seconds. Puis, dans la deuxième phrase, Brugnatelli écrit : *Le platine ainsi réduit sur l'or....* qu'est-ce, dites-moi, que la réduction d'un métal *sur un autre*, si ce n'est pas la précipitation d'un métal sur un autre métal, c'est-à-dire notre affaire et notre procédé? Enfin, la dorure des deux médailles est-elle une simple réduction ?

Il faut donc m'accorder, avec M. l'avocat du roi, le droit de citer utilement Brugnatelli décrivant en 1803 l'emploi de la pile dans un ouvrage imprimé : je suis donc dans le cas de l'art. 16, §-3, de la loi du 7 janvier 1791, et M. Elkington doit être frappé de déchéance (1).

---

(1) Loi du 7 janvier 1791 :
Art. 16.
La description de la découverte énoncée dans une patente sera de même rendue publi-

CHAPITRE II.

M. Boettger.

Je n'aurais pas besoin d'aller plus loin; mais j'ai invoqué dans ma plaidoirie et j'invoque encore les travaux de M. Boettger, dont la publication est antérieure à la demande d'Elkington.

Ici, j'ai encore le bonheur d'avoir pour moi la puissante autorité de M. l'avocat du roi : il reconnaît que M. Boettger a publié ses travaux dans *l'Ami de l'Industrie* de Francfort, aux dates des 31 juillet et 14 août 1840, et qu'on en a rendu compte dans le *Congrés d'Erlangen*, ainsi que le prouve le procès-verbal de la séance du 19 septembre 1840, par conséquent avant la demande d'Elkington (1).

---

que, et l'usage des moyens et procédés relatifs à cette découverte, sera aussi déclarée libre dans tout le royaume, lorsque le propriétaire de la patente en sera déchu, ce qui n'aura lieu que dans les cas ci-après déterminés :

1°

2•

3• Tout inventeur, ou se disant tel, qui sera convaincu d'avoir obtenu une patente pour des *découvertes déjà consignées et décrites dans des ouvrages imprimés et publiés,* sera déchu de sa patente.

(1) Voici ce procédé tel qu'il est décrit dans l'*Ami de l'industrie* de Francfort (n. 10, 31 juillet 1840, Supplément de Rapp., p. 28 *in fine*).

« Pour argenter le cuivre et le laiton, ce qu'il y a de PLUS AVANTAGEUX, c'est « d'employer une solution de *nitrate double* d'argent et d'ammoniaque, avec un petit « EXCÈS D'AMMONIAQUE.

« J'ai trouvé qu'une solution composée de 3 drachmes de pierre infernale pulvérisée « (nitrate d'argent), dans 2 onces d'ammoniaque caustique liquide, était très propre à l'ar- « genture ; seulement il faut faire attention que le cuivre ou le laiton, lors de la première « immersion dans cette solution saline, ne reste jamais au delà d'une seconde. On fait « sécher alors et l'on répète les immersions à plusieurs reprises comme pour la dorure.

La copie du *procès-verbal* d'Erlangen (jointe aux pièces justificatives) a été envoyée à

1ʳᵉ *Objection*

Vous vous rappelez que MM. les experts avaient d'abord pensé que le procédé Boettger était un procédé d'argenture par immersion, et non un procédé d'argenture par la pile.

Ils déclarent, dans leur Supplément de Rapport, page 117, que le procédé est véritablement un procédé par la pile :

« L'article de Boettger, qui porte la date du 14 août, est beaucoup plus clair ; il prouve tout à fait que ce chimiste se servait de la pile. » (1)

C'est chose acquise.

Cependant, ils discutent encore sur la date de la publication.

La Relation du Congrès d'Erlangen, disent-ils, n'a été publiée qu'en 1841 ; la *table* du journal l'*Ami de l'Industrie* n'a paru au plus tôt qu'en février 1841.

Réponse :

Que nous importe ?

Nous n'avons invoqué la *Relation du Congrès* et la *table du journal* que pour ne laisser aucun doute sur le caractère et la date de l'article de M. Boettger, du 31 juillet. C'est donc à cet article, *publié en juillet*, cela est reconnu, qu'il faut s'attacher.

M. Roseleur, en date du 27 juillet 1847, par M. Kasner, conseiller aulique royal de Bavière, professeur de physique à Erlangen, président des sections de physique et de chimie.

Ce procès-verbal transcrit la solution, indique le nᵒ du journal et ajoute qu'on a déposé des pièces argentées.

(1) Je n'avais, en plaidant, que le *Supplément de Rapport, manuscrit,* que je devais à l'obligeance de M. l'avocat du roi. Le passage ci-dessus transcrit est extrait de ce manuscrit. Le *Supplément imprimé* renferme la même idée avec des explications analogues, page 42.

Mais l'article de juillet fût-il obscur, l'article du 14 août 1840,
ainsi conçu :

> « Depuis longtemps je désirais pouvoir couvrir d'une mince couche de
> « métal non oxidable les plaques de cuivre en relief produits par la voie
> « hydro-électrique ; je ne trouvais pas avantageux de répandre sur ces pla-
> « ques une mince couche d'argent, car le premier effet du nitrate d'argent
> « et d'ammoniaque, *c'est-à-dire du sel double, que j'ai reconnu jusqu'à*
> « *présent le plus propre* à opérer *l'argenture* par le procédé *galvanique,*
> « est d'attaquer légèrement les reliefs, etc.... » (1)

cet article, disons-nous, est sans doute assez net, puisque
MM. les experts sont forcés d'écrire ce que je viens de vous lire :

> « L'article de M. Boettger..... prouve tout-fait que ce chimiste se ser-
> « vait de la pile. »   (*Supplément du Rapport, page 117.*)

Dès lors, il n'y a plus de difficultés : nous gagnons notre procès par le 31 juillet ou par le 14 août : la date nous est indiffé-
rente.

La pile est donc à M. Roseleur, elle est à tous, comme elle
est à Elkington !

2ᵉ *Objection :*

Et je ne vois plus d'obstacle à ce succès, car je ne m'arrête
pas à la phrase de MM. les experts qui, dans leur Supplément (2), suit la citation de M. Boettger, et qui est ainsi conçue :

> « Ainsi donc il reste prouvé qu'au moment où Elkington a demandé
> « son brevet en France, Boettger n'avait pas encore trouvé de dissolution
> « meilleure que le nitrate d'argent ammoniacal, et cette dissolution ne
> « valait rien. Elkington avait donc encore toute l'invention industrielle
> « à décrire dans son brevet du 29 septembre, et nous l'en regardons
> « comme très légitimement propriétaire exclusif. » (2)

---

(1) *Supplément de Rapport*, page 29.

(2) *Supplément de Rapport, manuscrit*, page 117 ; *imprimé*, page 42.

Que veut, en effet, dire cette phrase ?

L'invention industrielle qui restait à décrire s'applique-t-elle à la liqueur ou à la pile ?

A la liqueur seule évidemment, car M. Boettger emploie la pile comme tout le monde, et la pile fait sa fonction industrielle aussi bien avec lui qu'avec Elkington (1) : c'est donc de sa liqueur seule que parlent MM. les experts. Cette liqueur étant mauvaise, il restait à en décrire une bonne, et c'est ce qu'Elkington a fait en 1840.

Voilà, je pense, ce que MM. les experts ont voulu dire.

J'y répondrai tout à l'heure.

Que si, au contraire, il s'agissait aussi de la pile ; que si MM. les experts pensaient qu'Elkington ayant *industrialisé* la pile, il a seul le droit de s'en servir pour l'argenture, je repousserais facilement cette prétention.

En effet, l'art. 16, n° 3°, de la loi du 7 janvier 1791, est clair :

« 3° Tout inventeur ou se disant tel, qui sera convaincu d'avoir obtenu « une patente pour des découvertes déjà *consignées et décrites dans des* « *ouvrages imprimés et publiés, sera déchu de sa patente.* »

Et la loi du 8 juillet 1844 a été plus loin : elle se contente d'une *suffisante publicité* :

Art. 31. Ne sera pas réputée nouvelle toute découverte, invention ou application qui, en France ou à l'étranger, et antérieurement à la date du dépôt de la demande, aura reçu une publicité suffisante pour être exécutée.

J'apporte la consignation et la description imprimées : que peut-on me demander de plus ?

Peut-on exiger que Brugnatelli et M. Boettger aient fondé une manufacture, ouvert une boutique, pris une patente?... cela serait absurde ! Ils ont, par leurs descriptions, mis

---

(1) MM. les experts avaient d'abord pensé que la pile dont se servait M. Boetger était un appareil particulier (Rapport, page 364) : mais nous avons apporté la pile à l'audience ; nous avons montré que cette pile était précisément celle décrite par Elkington lui-même dans son brevet, à ce passage : « On connaît plusieurs procédés, etc... »(*Rapport*, p. 271.) et l'argument de MM. les experts n'a plus trouvé place dans le *Supplément de Rapport.*

les industriels à même d'employer leurs procédés dans l'industrie : la loi n'en veut pas davantage (1).

---

(1) La question de savoir si celui-là est inventeur qui pratique en grand et industriellement une découverte imprimée et publiée avant lui, ne peut faire doute, dans le sens de
la négative, sous l'empire de la loi de 1791, et encore moins sous celui de la loi de 1844.
Mais on a agité celle de savoir si, quand une formule est employée dans un art, on peut se
faire breveter pour l'avoir transportée dans une industrie différente ou pour l'avoir vulga-
risée en la rendant d'un usage commun.

En 1845, j'ai plaidé la question devant la 4ᵉ chambre du Tribunal. Voici dans quelles
circonstances :

La médecine emploie, en certains cas, une dissolution assez amère, qu'elle ordonne de
délayer dans de l'eau, du thé, du vin ou tout autre liquide. Deux personnes, M. Badin et
M. Gaillard, imaginèrent de prendre, chacun de leur côté, un brevet pour un vin apéritif
dans le genre du *Vermout di Torino*, que l'un appela *sougthon-madère*, et l'autre simplement *sougthon*. M. Gaillard, le premier en date, poursuivit correctionnellement M. Badin.
Celui-ci répondit par une demande civile en déchéance. M. Gaillard résistait ; Mᵉ Théodore
Regnault, son avocat, soutenait qu'il y avait invention brevetable en ce que son client avait,
le premier, mêlé la dissolution pharmaceutique au vin de Madère, en ce qu'il l'avait mêlée
dans des proportions nouvelles, et enfin, en ce qu'il l'avait industrialisée, l'ayant changée
de remède en boisson de table.

Je rapportai des pharmacopées remontant à 1752 ; je montrai qu'elles détaillaient la formule ; que l'une d'elles énonçait le vin au nombre des liquides ; je prouvai que, dans
l'espèce, les proportions du mélange n'avaient pas d'importance, et je soutins qu'il importait
peu que le marchand vendît sa liqueur dans une pharmacie ou dans un débit de vins, et
que le public la bût par plaisir ou par ordonnance, la loi ne s'étant préoccupée que d'une
seule chose, l'impression et la publicité antérieure des formules.

M. l'avocat du roi, de Gaujal, fut de mon avis, et le 1ᵉʳ juillet 1845, un jugement déclara
M. Gaillard déchu de son brevet : « attendu que le liquide breveté dont s'agit, dit *sougthon-
« madère*, a été consigné et décrit quant à la nature et aux proportions de la teinture dans
« divers ouvrages de pharmacie, imprimés et publiés antérieurement au brevet, notamment
« dans l'ouvrage de Bourdon, etc. ; que, dès lors, il ne constitue pas un produit nouveau,
« et qu'ainsi le sieur Gaillard doit être déchu du brevet à lui délivré. »

M. Gaillard a interjeté appel. Mais jusqu'à présent, il n'a pas été, à ma connaissance,
donné suite à cet appel.

On voit, par cet exemple, où M. Gaillard était bien autrement favorable qu'Elkington,
qu'il n'y a pas à dire avec MM. les experts, qu'Elkington *avait encore toute l'invention
industrielle à décrire....* car cette description ne pouvait lui donner aucun droit. Pour
avoir un brevet, il ne suffit pas qu'il y ait *description ;* il faut *invention*. Du reste, dans
l'espèce, toute l'invention était décrite scientifiquement et industriellement par Brugnatelli et
M. Boettger. (Voir au surplus ce que nous disons à ce sujet, *infrà*, pages 49 et suivantes.)

Je puis donc légitimement conclure, avec M. l'avocat du roi, que la pile est dans le domaine public.

Il faudra donc, *en cette partie*, frapper de déchéance le brevet de 1840.

SECTION II.

NATURE DE LA LIQUEUR.

Elkington n'a qu'un brevet sur la liqueur propre à l'argenture par la pile. C'est celui de 1840, dont nous venons de vous parler. Sa liqueur est une dissolution de chlorure d'argent dans un prussiate.

La liqueur de M. Roseleur est toujours un sulfite, comme dans l'immersion.

Ces deux solutions sont essentiellement différentes ; car si toutes deux emploient la potasse, la soude, l'ammoniaque, etc., l'une les combine avec l'*acide sulfureux* et l'autre avec l'*acide cyanhydrique*.

Elles n'ont donc de commun que les substances alcalines, qui appartiennent au domaine public (1).

---

(1) On peut ajouter : *et qui ne renferment pas le vrai principe de l'argenture*, puisque les perfectionnements sont toujours venus de changements dans les acides seuls, et que M. Roseleur peut argenter dans des bains acides.

En effet, le bouillitoire employait le *sodium*, le *potassium*, l'*ammoniaque*, etc., combinés avec le *chlore*.

M. Boettger a perfectionné, en juillet 1840, par la substitution de l'*acide nitrique* au *chlore*.

Elkington a perfectionné, en septembre 1840, par la substitution du *cyanogène* au *chlore* et à l'*acide nitrique*.

CHAPITRE Ier.

Brevet de **1840**.

Sur quoi Elkington de s'écrier : « A moi l'alcalinité ! elle « m'appartient tout entière. »

Et MM. les experts l'appuyent à la page 44 de leur *Supplément*, en disant :

« Nous ne pensons pas que la substitution de l'acide sulfu- « reux à l'acide cyanhydrique, substitution qui laisse *tous les* « *autres éléments intacts....*, soit de nature à écarter le délit « de contrefaçon. »

Ainsi, on reconnaît que les deux acides sont différents; c'est en dehors d'eux qu'on place la ressemblance; c'est, par conséquent, dans l'alcalinité seule que cette ressemblance est placée.

Je réponds, ce que j'ai déjà répondu, que le brevet de 1840, le seul qui parle de l'argenture par la pile, ne dit pas un mot de l'alcalinité, comme on peut le voir aux pages 270 et 271 du Rapport.

Le mot d'alcalinité n'y est même pas prononcé.

Ce qu'on voulait se réserver pour ce brevet, je l'ai dit et prouvé, c'était, uniquement, l'emploi des prussiates ou cyanures et l'application du courant galvanique.

Relisons le dernier alinéa, déjà tant de fois cité :

« Je réclame l'emploi d'une *solution d'argent dans du prussiate de* « *potasse ou autres prussiates solubles pour argenter les métaux et l'ap-*

M. Roseleur a perfectionné, en 1845, par la substitution de l'*acide sulfureux* au *chlore*, à l'*acide nitrique*, au *cyanogène*.

Les perfectionnements, comme on le voit, ne sont jamais venus de changements dans les alcalis, mais de changements dans les acides.

Quant au fait de l'argenture dans les bains acides, M. Roseleur a fait sa preuve dans sa séance du 24 décembre 1846. V. le *Rapport des experts*, p. 251 et 252, et *supra*, page 17 de cette plaidoirie, note (2).

« *plication d'un courant galvanique* avec une solution d'argent quel-
« conque, soit comme *simple solution dans un acide* ou combiné avec
« des sels, à l'exception du nitrate d'argent qui est connu, mais peu en
« usage. »

Rapport, page 272.

Vous voyez nettement non seulement qu'Elkington ne parle
pas d'alcalinité, mais encore qu'il a soin de dire qu'il emploie
la solution d'argent comme *simple solution dans un acide.*
Comment donc et pourquoi Elkington en écrivant ce mot *acide,*
ne s'est-il pas souvenu de son brevet de 1858 (1)?

CHAPITRE II.

Brevet de 1858.

Mais ici, M. Christofle s'en souvient pour lui, et me dit :
« Si le brevet de 1840 ne dit rien, je remonte au brevet de
1858 ; je l'invoque : il me donne l'alcalinité. »

C'est l'argument adopté par MM. les experts et par M. l'a-
vocat du roi.

Je prends la liberté de leur répondre d'abord par la déchéance
de ce brevet, assez longtemps examinée par moi pour que je n'y
revienne pas (2).

Je leur réponds ensuite par un moyen nouveau, spécial à la
pile, et je dis :

Admettons pour un instant la validité du brevet de 1858 :
qu'est-ce que ce brevet? c'est un brevet pour l'argenture *par*

---

(1) C'est que son brevet n'avait qu'un but et ne renfermait qu'une idée : la substitution
d'une dissolution à une pâte. Voyez *suprà* tout ce que nous avons dit à ce sujet, page 14.

(2) Voir *suprà*, pages 11 et suiv.

immersion ; mais en quoi touche-t-il à l'argenture *par la pile ?* En rien. Elkington n'est breveté pour celle-ci, qu'en 1840.

Dans ce brevet de 1840, Elkington ne parle pas d'alcalinité. Est-ce donc qu'il pourra transporter son droit privatif d'alcalinité par immersion à un procédé par la pile ? Est-ce qu'il sera permis à un homme de prendre la qualité de certains corps, l'alcalinité, l'électricité, etc.... et de les breveter, à son profit, une fois pour toutes, confisquant, à l'avance, toutes les applications dont elles sont et seront susceptibles ? Est-ce que celui qui aurait fait breveter l'application de l'écaille à la fabrication des lunettes pourrait interdire l'application de cette substance à la fabrication des peignes ou de tout autre objet, sous le prétexte, par exemple, que la flexibilité et la transparence auraient été indiquées par lui, dans son brevet comme étant le principe de son invention, et seraient également indiquées dans les brevets postérieurs, comme étant le principe des inventions venues après la sienne ? Est-ce que les applications nouvelles des procédés connus ne sont pas des inventions, aux termes des lois de 1791 et de 1844 ? Est-ce que si Volta était venu après Elkington, dans l'intervalle du 14 juillet 1838 au 29 septembre 1840, il n'aurait pas pu appliquer la pile aux liqueurs d'Elkington ou à toutes liqueurs alcalines ? Est-ce qu'Elkington a lui-même inventé les liqueurs alcalines ? Est-ce qu'Elkington aurait, en 1832, fait autre chose qu'une application nouvelle de ces substances, en supposant que son brevet eût le sens et la portée qu'on cherche vainement à lui donner ? Est-ce qu'enfin on pourra ainsi accaparer un principe et être réputé l'avoir, à l'avance, appliqué à toute industrie née ou à naître ? Evidemment non. Il faut, pour que le brevet puisse s'étendre à plusieurs cas, qu'il s'agisse de choses identiques, ne constituant qu'un seul et même art, dans les applications analogues de cet art.

Dira-t-on que l'argenture par immersion et l'argenture par la pile ne forment qu'un seul et même art? et qu'il s'agit simplement de deux applications analogues de cet art?

Ce serait une grave erreur. Ces deux argentures ne se ressemblent ni par leurs agents ni par le mode d'action de ces agents.

Dans l'immersion, c'est un métal en dissolution qui en attaque et en remplace une autre par l'action d'un liquide.

Dans l'opération galvanique, c'est l'action de l'électricité mise en mouvement qui porte à l'un de ses pôles un métal dissous, et le force à adhérer à un autre métal qui reçoit le premier, sans être attaqué lui-même.

Dans l'argenture par immersion, la dissolution attaque le métal non-dissous; elle en ronge les molécules et met des molécules d'argent à leur place; c'est un dépôt de métal, que la dissolution opère sur un autre métal, par voie d'échange; d'où il suit qu'il n'est pas possible de donner à cette argenture une très forte épaisseur, l'argent déposé formant immédiatement obstacle au dépôt de l'argent encore en dissolution, en lui cachant celui qu'au préalable il faudrait déplacer.

Au contraire, dans l'argenture par la pile, le métal qui s'attache au pôle négatif n'est nullement attaqué ; il reçoit purement et simplement l'argent qu'y charie sans cesse le courant voltaïque. Tant que la pile fonctionne, l'argent continue donc à se déposer, et le métal étranger, tout couvert qu'il soit d'argent, continue à recevoir toute la substance dont on veut l'enrichir, à tel point qu'on pourrait rendre difforme l'objet primitif par l'épaisseur de la couche dont on le couvrirait : il y a là dépôt perpétuel du métal superposé sans déplacement d'aucune molécule du métal subjacent.

Ainsi, par l'immersion il y a *substitution* de métal, et par la pile il n'y a que *superposition*.

Il ne peut y avoir de doute à cet égard, et vous allez entendre en quels termes s'exprime M. Dumas, dans son rapport, sur le prix Monthyon accordé à MM. de Ruolz et Elkington :

« C'est dans cet esprit que la commission des arts insalubres est venue
« proposer cette année à l'Académie, de récompenser l'introduction
« dans les arts de la DORURE GALVANIQUE, ainsi que la découverte
« de dorure PAR VOIE HUMIDE, qui, mise en pratique SUR LE
« LAITON, tant en France, etc...
« LA commission DISTINGUA L'UN DE L'AUTRE CES DEUX PROCÉDÉS DE DO-
« RURE, par la raison que LE PREMIER, qui repose sur l'emploi de la PILE
« permet d'obtenir de la dorure à TOUTE ÉPAISSEUR, et sur tous MÉTAUX,
« ce qui l'assimile *au procédé de la dorure* au mercure, tandis que LE
« DEUXIÈME fournit une DORURE MINCE qui ne remplace RÉELLE-
« MENT pas la dorure au mercure, et qui le plus souvent ne s'applique
« pas aux mêmes objets (*Comptes rendus de l'Académie*, t. 13, p. 1000.)»

Et ailleurs, page 1002 :

Nous diviserons ce rapport en trois parties : la première est relative
« AU PROCÉDÉ PAR VOIE HUMIDE tel que le pratique en France
« M. Elkington ; la seconde est relative au PROCÉDÉ DE DORURE GAL-
« VANIQUE de ce même industriel. »

Il est entendu que ce que M. Dumas disait de la dorure s'applique à l'argenture (1).

Il y a donc une différence extrême entre les deux argentures, comme entre les deux dorures, et c'est ce que MM. les experts reconnaissent en leur rapport, lorsqu'ils disent à la page 332 :

« Quand M. Roseleur regardait comme prouvé que M. Elkington
« n'était pas le premier à avoir employé un alcali pour la dorure par
« la pile, parce que M. Roseleur invoquait contre M. Elkington la
« dorure à la pile de M. Brugnatelli dans les ammoniures, l'argument
« pouvait avoir de la valeur : M. Elkington substituait au bain alcalin de

---

(1) V. *infrà*, page 56, à la note, une autre extrait du rapport de M. Dumas.

« M. Brugnatelli un autre bain alcalin, M. Roseleur pouvait en faire au-
« tant. Mais telle n'est pas la question, car *Brugnatelli n'a jamais songé*
« *à faire de la dorure par immersion.* »

Ainsi, ils ne veulent pas permettre de conclure de la pile à
l'immersion.

Et à la page 363, à propos de M. Boettger :

« Cette recherche d'un titre authentique présentait une assez grande
« difficulté : nous l'eussions pourtant entreprise si la lecture du texte de
« M. Boettger ne nous avait pas convaincus que le procédé qu'ils décrit
« *n'est pas un procédé d'argenture au moyen de la pile, mais un simple*
« *procédé d'argenture par immersion.* »

Ainsi, ils ne veulent pas permettre de conclure de l'immersion à la pile.

Et ils ont raison dans les deux cas (1).

---

(1) MM. les experts établissent encore cette différence, capitale au procès, de la manière
la plus catégorique, à la page 353 de leur premier rapport, en ces termes :

« Pour la dorure, il était incontestable que, avant M. Elkington, on avait essayé d'em-
« ployer, quoique sans succès industriel, *soit l'immersion* dans des bains acides, soit la
« décomposition *électro-chimique de l'ammoniure d'or.* M. Elkington n'avait donc fait
« qu'appliquer ces *méthodes* de déposer de l'or sur les métaux moins précieux à des *li-*
« *queurs convenables.* Pour l'argenture, il n'en est pas ainsi, du moins selon MM. Ch.
« Christofle et Compagnie, M. Elkington a le premier appliqué à la fabrication des objets
« argentés, soit le *procédé d'immersion,* soit le *procédé de la pile.* »

Et plus loin, même page :

« Les procédés *d'argenture par immersion* ne donnent qu'une couche extrêmement
« mince à la surface des objets, de telle sorte qu'ils constituent *plutôt un* BLANCHIMENT,
« qu'une véritable argenture. Aussi, *depuis que la pile* a permis d'argenter à toute *épais-*
« seur, l'argenture par *immersion a été délaissée...*

« Ainsi l'argenture par immersion ne *saurait être employée* pour argenter les couverts
« en maillechort, les assiettes, les plats, la vaisselle en cuivre jaune, etc...

« La couche serait trop faible pour que de pareils objets servissent plus de deux ou trois
« fois. On comprend donc pourquoi M. Elkington, qui s'est d'abord fait breveter unique-

Vous comprenez, maintenant, pourquoi, traitant tout à l'heure de l'argenture par immersion et pouvant culbuter avec les ammoniures de Brugnatelli, qui sont des substances alcalines (1), le brevet de 1838, pris par Elkington, dans lequel il parle de tous les sels ou autres substances chimiques et alcalines, vous comprenez pourquoi j'ai renoncé au bénéfice de ces travaux alcalins de Brugnatelli ; c'est que ces travaux avaient eu lieu au moyen de la pile et que le brevet de 1838 n'est relatif qu'à l'immersion.

Mais c'est ici le moment de revenir sur ce sacrifice et d'en tirer parti ; et je le fais au moyen de ce dilemme :

Ou les travaux d'argenture à l'aide de la pile doivent influer sur les travaux d'argenture à l'aide de l'immersion, et *vice versâ;*

Ou ils doivent leur rester complètement étrangers.

S'ils doivent influer les uns sur les autres, le brevet de 1838 n'a pu breveter au profit exclusif d'Elkington les substances alcalines, puisqu'en 1803, Brugnatelli (je ne parle plus du bouillitoire) avait employé pour l'argenture, par la pile, les ammoniures, substances alcalines... et Roseleur peut employer ses sulfites.

« ment pour *l'argenture par immersion*, Y A PRESQUE RENONCÉ PLUS TARD POUR « RECOURIR PRINCIPALEMENT A L'ARGENTURE PAR LA PILE. »

Ainsi la différence des deux procédés est tellement tranchée, que celui d'immersion ne donne qu'un BLANCHIMENT et qu'il a ÉTÉ DÉLAISSÉ par les demandeurs.

(1) Le passage, que nous venons de lire à l'instant, porte : « M. Elkington substituait « au *bain alcalin* de Brugnatelli un autre bain alcalin. » (*Rapport*, page 332. v. *Suprà*, page 46 de cette plaidoirie) est suffisant à cet égard : mais on peut consulter de nouveau les nombreux passages que nous avons transcrits *suprà*, page 20 (texte et notes).

Si, au contraire, les travaux à l'aide de la pile doivent rester étrangers à ceux faits à l'aide de l'immersion, M. Roseleur peut encore employer ses sulfites — car le brevet de 1838 n'est relatif qu'à l'immersion ; car celui de 1840 ne parle pas de l'alcalinité ; car Brugnatelli d'ailleurs avait, en 1803, employé un bain alcalin ; car M. Boettger en avait fait autant en juillet et août 1840.

Entre les deux systèmes, mon adversaire choisira.

SECTION III.

NATURE DES PRODUITS.

CHAPITRE Iᵉʳ.

Travaux de M. Boettger.

C'est ici le moment de dire un mot des liqueurs de M. Boettger. MM. les experts, en présentant les travaux de ce savant comme de simples *expériences curieuses, inapplicables à l'industrie,* leur ont refusé tout résultat industriel et ont exprimé l'opinion que le défaut de réussite tenait à ce que sa liqueur n'était pas bonne.

Comme je n'ai invoqué l'exemple de M. Boettger qu'en ce qui touche la pile, et que dès-lors il importe peu à Roseleur que les liqueurs de ce savant soient plus ou moins bonnes, je pourrais ne pas relever l'assertion de MM. les experts et la laisser comme étrangère au procès.

Mais je tiens à dire un mot en faveur d'un savant qui n'est pas là pour se défendre et dont les travaux vont contribuer, j'espère, à l'affranchissement de l'industrie française.

Et je dis, moi, que loin de voir dans ses travaux de simples expériences curieuses, il faut, Messieurs, y voir la science convoquant l'industrie à un nouveau travail et lui mettant à la main un instrument puissant.

Ainsi, aussitôt inventé, son procédé se publie dans un journal industriel, *l'Ami de l'Industrie*, de Francfort (1), et de là il arrive au *Congrès d'Erlangen*, où l'industrie occupe une si grande place.

---

(1) Voici comme l'*Ami de l'Industrie* justifie son nom :

EXTRAIT

des *titres* de l'AMI DES ARTS, de *Francfort, de l'an 1840.*

N° 1.

4 avril.

Fabrication de calibres gravés à l'eau-forte, en tôle de laiton, par le professeur Schneider ; — nouveau procédé pour recouvrir des plaques d'argent d'une manière très uniforme, d'une couche d'iodure d'argent, aussi forte que l'on veut, par le docteur Ascherson ; — sur la formation et la production de l'oxide de titane, une très belle matière colorante.

N° 2.

16 avril.

Supplément à la communication de W. Hasper « sur les cylindres en caoutchouc, par C. A. Gerlact ; — sur l'emploi du lait dans la teinture, par Sieveking ; — méthode d'Esquilant pour la reproduction de certains ornements ; — des marchandises en argent avec une gravure noire.

NOTICES. — Sur le rouissage du lin ; — machine à foulon à la main, pour laver dans les hôpitaux et autres institutions semblables ; — conservation de la colle en gelée, sans qu'elle éprouve une décomposition.

N° 3.

1er mai.

Sur une dissolution de bleu de Prusse qui peut être employée comme matière colorante végétale et comme encre bleue, par C. Karmarsch ; — sur un flotteur perfectionné pour les chaudières à vapeur, par A. Schlumberger ; — expériences sur le blanchissage de la cire par l'huile de thérébentine et le chlore, par X. Schmidt.

Recette pour produire un vernis d'or sur du fer.

N° 4.

18 mai.

Considérations supplémentaires à mon mémoire sur l'emploi du sulfure de calcium, par le docteur Rud. Boettger ; — séchage du bois de construction, par Petersen ; — sur les galons d'or ; — description d'une machine destinée à faire vite et bien les casques de cuirassiers, etc., pour les ferblantiers, par Brink, ferblantier à Bielefield ; — du savon de Menotti pour

Mais il ne s'arrête pas dans les livres. En Allemagne; on l'emploie dans la pratique, et l'année 1842 a vu paraître un ouvage

---

rendre imperméables les étoffes de laine et autres ; — recette pour préparer le sel de Pink, en usage dans les impressions sur toiles peintes.

N° 5.

25 mai.

Procédé de Flach et de Keil pour émailler les vases en fonte ; — sur l'emploi dans la lampe à vapeur de Ludersdorf, de l'huile minérale produite dans les fabriques de gaz , par le docteur R. Boettger;—procédé pour rendre imperméables les coussins et matelats à air, les ballons et tous les genres d'étoffes de soie, de coton et de toile, par Neubaner, à Munich.

N° 6.

5 juin.

Invention pour transformer le mouvement de va et vient rectiligne de la tige du piston d'une machine à vapeur en un mouvement de rotation uniforme sans l'intervention d'une manivelle : modèle en bois ; — sur quelques fondants avec l'oxide de chrome et les sels de chrome, par le docteur Ludersdorf.

N° 7.

19 juin.

Description d'un nouveau procédé pour colorer en brun et en noir ; — sur le lavage de la laine, par W. Bullrich,

NOTICES.—Préparation d'un très beau noir pour les imprimeurs.

N° 8.

3 juillet.

Procédé électro-chimique pour la dorure de l'argent et du laiton, par A. de la Rive ; — indications sur la production d'un noir brillant et à bon marché sur le coton et le velours de coton, par T. Leykarf ; — du carmin d'indigo, nouveau procédé pour le préparer, par C. Kressler ;— procédé pour préparer les plateaux sonores des instruments de musique, par J. Legl ; — lampe à vapeur de Ludersdorf ; — simple et nouvelle méthode pour recouvrir, par la voie humide, le cuivre et le laiton d'une couche de zinc brillante et adhérente.

NOTICE.—Avis aux tanneurs et aux parcheminiers sur l'achat de sulfure de calcium.

N° 9.

17 juillet

Fixation et impression des images daguerriennes ; — emploi de la chaux hydraulique de

allemand dont voici le titre : *Instructions intelligibles et appli-*
cables sur le magnétisme, l'électricité et l'électro-magnétisme.

---

la fabrique de Leube frères, à Enrenstein ; — sur la décoloration de l'huile de palme, par
W. Davidson ; — procédé pour produire des dessins sur le cuir et l'étoffe par la voie litho-
graphique, par Pfeiffer et Mimsenger.

N° 10.

31 juillet.

Construction d'un appareil très simple servant à la dorure de l'argent, du laiton et de
l'acier, etc., etc., par le docteur Boettger ;—montre à une roue et sans engrenage dans le
mécanisme, par le professeur de Poppe ; — description d'une machine utile pour horlo-
gers, pour polir les têtes de vis ayant une surface concave et arrondie, par C. F. Wald-
hecker.

N° 11.

14 août,

Sur la meilleure méthode pour brûler le gaz de l'éclairage, par J. Robison ; — ciseaux
de Marold pour les mèches cylindriques ; — quelques nouvelles expériences ayant rapport à
la dorure et à la platinure des métaux par le galvanisme, par le docteur Boettger ; — conservation de la glace dans des caisses en bois, dans des constructions souterraines ;—essai de
la quantité d'acide acétique contenu dans le vinaigre, par le docteur Winkler ; — perfectionnement de la lampe d'Argant, par Herschel.

N° 12.

28 août.

D'un traitement du bois, pour lui assurer une plus longue durée, extrait d'un traité de
M. A. Boucherie ; — sur les produits de l'action de l'acide nitrique sur la résine d'aloës et
leur emploi dans la teinture, par Boutin ;—sur la garance ; — emploi de rouge de garance
dans les impressions à la planche, et préservation de cette matière colorante rouge contre
l'action de quelques sels, par le docteur Grager.

NOTICES. — Cordes de métal en argentan ; — nouvelle poix pour les machines et les voitures ; — images daguerriennes sur du papier argenté.

N° 13.

14 septembre.

Considérations théoriques et pratiques sur la soudure des métaux, par Th. Spencer ; —
sur le vernis blanc des poêles ; — moyen sûr et à bon marché pour écarter complètement
les tâches d'huile et de graisse sur les étoffes de soie.

avec description des machines électro-magnétiques pour les ouvriers mécaniciens, orfèvres, etc., par SCHMIT. Vous verrez

---

N° 14.

28 septembre.

Méthode de M. de Richemont pour joindre des plateaux et des tuyaux de plomb et d'autres métaux, les uns aux autres sans l'emploi d'une soudure ;—méthode pour prolonger la marche des horloges à poids, par le docteur Mohr; — sur les chaudières en métal, avec fonds rentrant (c'est-à-dire concaves), par le professeur G. Guckow.

N° 15.

12 octobre.

Fours chauffés au charbon de terre; — de la composition de la laine ;—théorie de son dégraissage; et propriétés qui résultent de ses parties, et auxquelles il faut avoir égard dans les diverses opérations techniques, par Chevreul; — fabrication du jaune de chrôme, par C. Kressler.

N° 16.

26 octobre.

Augmentation de l'intensité de la lumière d'une lampe d'Argant ordinaire, par C. Holthouse; — de la fonte du zinc; — sur l'essai du vinaigre falsifié par des acides minéraux; — des moyens de reproduire à volonté des gravures et des imprimés.

N° 17.

9 novembre.

Des conditions qu'il faut remplir pour le bon chauffage des chambres et description de quelques appareils qui y satisfont le mieux, par J. P. Wagner; — coloration artificielle du marbre; — fabrication d'objets en métal qui ressemblent aux objets d'or et d'argent, ayant plusieurs couleurs, par C. Kressler.

N° 18.

23 novembre,

Moutarde; — du champignon des maisons et de sa destruction; — procédé pour fixer les images daguerriennes, par Fizean; — de la meilleure manière de fumer la viande; — emploi de l'asphalte contre l'humidité des murs et pour la conservation du bois, par Polonceau; — emploi de l'acide oléique produit dans les fabriques de bougies stéariques pour graisser la laine, à la place de l'huile d'olive, par le docteur Penot,

N° 19.

14 décembre.

Perfectionnement de l'établissement des plaques en fer des fours, par F. J. Waymeyer;

dans cet ouvrage, que je mets sous vos yeux, la description complète du procédé de M. Boettger, dont l'emploi est conseillé aux industriels et ouvriers.

Je fais plus, je vous apporte des objets d'orfévrerie, argentés par M. Roseleur à l'aide du procédé Boettger: vous pouvez juger par vous-mêmes.

Enfin, s'il y avait quelques doutes, M. Roseleur vous offre de faire une expérience sous vos yeux!

— sur les soufflets de forge, par le docteur Mohr. — nouveau genre de ressorts de voitures, breveté en France, par Brix; — procédé pour la préparation du vinaigre, par Duflos.

NOTICE. — Recette pour la préparation de papiers outre-mer, vert et bleu, pour les fabricants de papier peint.

N° 20.

28 décembre.

Composition et préparation des allumettes chimiques, brûlant sans bruit, par le docteur Rud. Boettger; — ciment; — L'électro-magnétisme considéré comme force motrice, par le docteur de Roden; — moyen pour détruire les vers des pelleteries, — pour changer la fonte en acier.

N° 21.

(1841) 11 janvier.

Ciment (fin); — préparation des allumettes chimiques et des amadoux chlorés sans soufre, par M. de Romer, à Vienne; — méthode simple pour produire le sous-sulfate de soude.

N° 22.

25 janvier.

De la fabrication du drap anglais pour les marteaux d'instruments de musique, et des cordes d'acier fondu, par J. B. Streicher; — sur l'emploi de la racine de saponaire dans le lavage de la laine, par Menzel; — du caoutchouc artificiel et de son emploi.

N° 23.

8 février.

Des pistons en feutre employés pour les pompes à air, par P. Anteurieth, fabricant à Ulm; — tourteaux secs provenant de la fabrication de l'eau-de-vie.

CHAPITRE II.

Nouveauté des produits d'Elkington.

Ceci me conduit à une objection qui s'est trouvée dans la plaidoierie de mon adversaire, mais que je ne trouve pas dans le supplément de Rapport; et j'en félicite MM. les experts.

Ils avaient, dans leur rapport, présenté, en ces termes, comme des *produits nouveaux* les argentures de M. Elkington :

« En résumé, nous disons donc :

« 3° Que M. Elkington est le premier qui ait obtenu des objets argen-
» tés *à épaisseur* et qu'il a ainsi créé de nouveaux produits industriels ».

(Rapport, pag. 365.)

J'ai facilement repoussé cet argument.

J'ai montré qu'avant M. Elkington, on argentait à épaisseur en posant jusqu'à cinquante et soixante feuilles d'argent sur le cuivre (1).

---

(1) Si le Tribunal veut ouvrir le rapport de MM. les experts, il pourra s'en convaincre, car voici ce que nous lisons à la page 355 *in* fine :

« 7° CHARGER — c'est un mot technique que les ouvriers emploient, au lieu de celui-
« ci, ARGENTER. Cette opération consiste à placer les feuilles d'argent sur la pièce chauffée
« et à les y fixer à l'aide d'un brunissoir ; voici la manière dont on opère ; les FEUILLES
« D'ARGENT qu'on emploie pour argenter ont environ 5 pouces de carré , quarante-cinq
« de ces feuilles pèsent un gros, 4 grammes.. ;

Et plus loin :

« L'ouvrier continue à charger de la même manière par quatre ou six feuille à la fois,
« jusqu'à ce qu'il ait mis les unes sur les autres TRENTE, QUARANTE, CINQUANTE ou
« SOIXANTE feuilles, suivant qu'il veut donner à l'argenture une plus grande solidité et
« épaisseur.

Ainsi, par cinq pouces de carré, on pouvait, par l'argenture à la feuille, déposer soixante feuilles, c'est-à-dire 5 grammes d'argent ; c'était donc une argenture fort épaisse. Si, dans la fabrication, M. Christofle atteint cette épaisseur, il ne la dépasse point.

J'ai montré que M. Dumas offrait le procédé par la pile, comme pouvant *remplacer* les anciennes dorures et argentures à épaisseur, c'est-à-dire voyant là de nouveaux moyens, mais n'imaginant pas là des produits nouveaux (1).

J'ai montré les brevets d'Eklington muets sur une semblable découverte (2).

Et MM. les experts n'ont pas insisté dans le *supplément de Rapport*.

Mais mon adversaire a prétendu que les œuvres de M. Roseleur n'étaient que les produits d'un art informe et inhabile, et il a semblé attacher une grande importance à la supériorité des œuvres de son client.

Si nous étions dans un concours industriel et non dans un procès de contrefaçon, cette supériorité, bien constatée, aurait

---

(1) « L'application de l'argent sur le cuivre ou le laiton se fait avec une telle facilité,
« qu'elle est destinée à *remplacer* toutes les méthodes d'ARGENTURE AU POUCE, d'ARGEN-
« TURE PAR VOIE HUMIDE (ou au trempé), et même en bien des cas la *fabrication du pla-*
« *qué*. En effet, l'argent peut s'appliquer en minces pellicules, comme celle qui se pratique
« pour garantir d'oxidation une foule d'objets de quincaillerie, et en couche aussi épaisses
« qu'on voudra, de manière à résister à l'usure ».

(Rapp. de M. Dumas pour le prix Monthion, compte-rendu de l'Académie des sciences, année 1841, p. 1011.

(2) Comprendrait-on que M. Elkington, créant des *produits nouveaux*, ait oublié de mentionner cette circonstance et se soit borné à réclamer, dans le brevet de 1838, la substitution d'une dissolution à une pâte, et dans celui de 1840 l'emploi privatif des Prussiates. Que disions-nous? loin de parler de produits nouveaux, même par allusion, c'est au plaqué qu'il assimile ses produits dans ces passages de son brevet du 29 septembre 1840.

(Rapp., p. 270.) :

« Les perfectionnements, etc., ont pour objet, 2° un moyen de *couvrir ou de plaquer*
« des surfaces métalliques avec de l'argent, à l'aide de certaines solutions d'argent et d'un *courant galvanique*;

Page 271 :

« Mais si la couche doit être plus épaisse, *comme pour les objets plaqués*, etc...

Et plus loin, p. 272:

« Le procédé que je viens d'indiquer s'applique plus particulièrement AU PLACAGE
« du cuivre, etc.,

un but et un résultat : ici, c'est une superfluité : nous cherchons s'il y a contrefaçon, et non pas s'il y a supériorité.

Mais j'ajoute que nos produits sont, au moins, aussi beaux que les siens : j'en apporte la preuve dans ceux que j'étale devant vous, et je vous en offre une preuve nouvelle dans toutes les expériences que vous voudrez ordonner et, qu'au besoin, je sollicite.

CHAPITRE III.

Absence de tout danger dans le procédé Roseleur.

Je vous ai dit dans la plaidoierie en quelle estime devait être M. Roseleur pour avoir substitué des substances complètement innocentes à des substances empoisonnées : Elkington a chassé le mercure; mais il l'a remplacé par l'acide prussique. M. Roseleur purge les bains d'or et d'argent de tout poison : avec lui, l'art du doreur et de l'argenteur est devenu un art complètement salubre. N'est-ce pas une invention? et n'a-t-il pas pour lui et la lettre et l'esprit de la loi?

Les sulfites eussent-ils des points de contact avec les prussiates, n'en sont-ils pas complètement séparés par l'un des caractères les plus importants, les plus utiles, les plus glorieux? — Pour moi, j'ose le croire; et j'ai vu avec satisfaction que, sur ce point, MM. les experts n'avaient pas répondu : c'est leur manière d'acquiescer.

Je m'arrête, Messieurs; vous allez bientôt faire triompher M. Roseleur : vous allez faire justice de cet étrange système d'accaparement de toutes les substances que voudrait vous faire sanctionner M. Christofle.

A celui dont le génie enrichit le monde, à celui qui, nouveau créateur, le dote d'une industrie inconnue, à celui-là des lauriers, des couronnes, de la fortune, la protection des Tribunaux et les applaudissements de tous !... Il le faut, et ce n'est que justice !

Mais si cet inventeur, après avoir obtenu tout ce qu'il était juste de lui donner, essaie de prendre ce qui ne lui appartient pas ; s'il veut écraser tous ceux qui cherchent loyalement à marcher sur ses traces, et à le dépasser par leurs travaux ; s'il tente de les étouffer sous son monopole, il faut alors que la justice intervienne et qu'elle fasse rentrer ce monopole dans les limites que la loi lui a tracées.

Et sur ce point, veuillez vous souvenir que s'il y avait le moindre doute dans vos esprits, ce doute serait notre victoire ; car, en matière de brevet, le doute est en faveur de la liberté, le doute est en faveur de l'industrie, le doute est en faveur de tous, et suffit pour éteindre la servitude imposée sur tous au profit d'un seul !

Je persiste, avec confiance, dans mes conclusions.